명품효소 발효액

CREPAS

내 손으로 직접 담그는
명품효소발효액

1판 1쇄 발행　2013년 7월 1일

1판 2쇄 발행　2013년 8월 1일

1판 3쇄 발행　2013년 9월 1일

지은이 김병열　**펴낸곳** 디자인크레파스　**펴낸이** 장미옥　**기획·정리** 남경완　**교정** 라일희　**디자인·편집** 어윤희

출판등록 2008년 10월 13일 제2-4997호　**주소** 서울시 중구 충무로 4가 306번지 남산센트럴자이 A동 205호

전화 02-2267-0663　**팩스** 02-2285-0670　**이메일** crayon0663@hanmail.net

ISBN 979-11-950660-01 13570　정가 15,000원

© 김병열, 2013

내. 손.으.로. 직.접. 담.그.는.

명품효소
발효액

CREPAS

씨 맺는 채소,
씨 가진 열매의 비밀을 알게 해 주신
하나님께 감사드리며
이 책을 냅니다.

사람은 누구나 건강하게 살며, 하고자 하는 일에 큰 성취를 이루고 싶어 하지만 건강상의 어려움 때문에 의욕을 잃고 지금도 고통 가운데 있을 수 있습니다. "너희는 너희 자신의 것이 아니라"는 말씀과 같이 한 사람의 건강은 자신과 그 가족, 주변의 모든 사람들 그리고 우리 미래 세대에도 영향을 미치게 됩니다. 건강상의 문제 대부분이 잘못된 식습관과 먹거리 환경에서 비롯되었다는 것을 안다면 이제라도 식습관과 생산, 유통, 조리를 거쳐 우리 식탁에 오르기까지의 모든 과정을 소중하고 세심하게 다루어야 합니다. 인류가 지금처럼 다양하고 풍요로운 먹거리 환경을 갖게 된 것은 불과 1세기 안팎으로 우리는 이보다도 더 짧은 역사를 가지고 있습니다. 양적 풍요로운 먹거리 환경은 좋아졌다고 할 수 있지만 질적 환경은 건강을 위협할 정도로 나빠졌습니다. 더욱이 음식의 맛에 취해 과식이 생활화된 식습관은 효소의 낭비를 가속화시켜 겉으로는 건강해 보이지만 언제, 어떻게 발병될지 모르는 미병상태의 몸을 만들고 있습니다. 효소는 생명유지에 꼭 필요한 물질로 화학반응의 촉매 작

용을 하며 음식을 분해하여 에너지와 몸을 만드는 도구입니다. 효소 없이 쌓이는 영양소는 노폐물에 불과하고 섭취한 만큼 에너지를 사용하지 않으면 과식한 것으로, 결국 건강을 위한 음식이 아닌 식원병(食源病)의 대사성 질환을 먹는 것입니다. 의학기술의 발달로 평균수명과 기대수명이 늘어나고 있지만 건강이 동반된 장수를 위해서는 잘못된 식습관과 식품환경을 극복하기 위한 먹거리를 준비하는 노력이 필요합니다. 따라서 우리 땅에서 제철에 재배되는 자연농업작물과 산야초와 열매로, 효소가 풍부한 식단을 차려야 합니다. 즉, 효소가 활성상태인 '씨'있는 먹거리를 발효시켜 우리 몸이 섭취하기 좋은 상태로 만들어 저장성을 갖추는 것입니다. "음식으로 고치지 못하는 병은 약으로도 고치지 못한다."는 히포크라테스의 말은 '식약동원'을 뜻하는 말입니다. 저자는 '씨'있는 신토불이의 신선한 먹거리를 지속적으로 공급받으며 우리 몸의 면역력과 건강을 유지하기 위해서는 효소발효액이 가장 효율적인 대안이라는 것을 경험으로 확인하였습니다. 전문적 소양과 지식이 부족한 가운데 질병에서 벗어나기 위해 시작한 효소발효와 건강식이에 대한 공부는 좌충우돌, 곳곳이 암초와 벽이었습니다. 그러면서 제법 얻었다는 경험과 지식도 이제 겨우 한 발자국 나아간 정도의 보잘 것 없는 내용입니다. 그러나 저자 역시 겪은 효소발효에 대한 막연함과 답답함을 기억하며 처음 접하고 시작하는 소박한 효소발효 애호가들에게 조금이나마 도움이 되고자 조심스럽게 책을 냅니다. 이 책이 길라잡이가 되어 일상생활에서 식물의 자연치유능력을 활용한 효소발효 식품을 섭취할 수 있게 되기를 바랍니다. 귀한 약초만이 아니라 모든 산야초를 포함해 쉽게 접하고 있는 채소, 과일 등도 좋은 효소발효의 소재입니다. 평범한 산야초와 채소, 과일에도 다양한 영양소와 미처 밝혀내지 못한, 미증유의 항산화물질인 생리활성물질(Phytochemical)을 풍부하게 가지고 있어 일상의 식자재만으로도 뛰어난 명품효소발효액을 만들 수 있습니다. 이 책에서는 독자의 이해를 돕기 위해 효소에 대한 기본적인 설명과 계절을 대표할 수 있는 소재를 선정하여 실제 담그기의 과정을 사진과 함께 소개하였습니다. 가정마다 독특한 맛의 음식을 만들어 먹듯이 생활 주변에서 쉽게 얻을 수 있는 소재를 활용하여 내 손으로 직접 담그는 특별한 맛과 향, 빛깔의 명품효소발효액을 친지, 이웃과 나누며 얻게 될 아름다운 건강을 기원합니다.

그동안 효소발효과정에서 남게 되어 버려온 모든 소재의 건지를 저자는 적극적으로 식품과 요리에 활용하기를 권유합니다. 건지는 발효액을 추출하고 남은 것이지만 상당한 영양소와 식이섬유 등 필요한 물질을 많이 가지고 있는 훌륭한 식소재입니다. 귀중한 약성과 영양물질이 발효 과정을 거쳐 건지에도 담겨 있으므로 반드시 활용 방안을 연구해야 합니다. 건지가 기초적인 활용만으로도 단순한 말랭이를 비롯해 장아찌, 조청, 식초 등 응용에 따라 다양하게 사용될 수 있음에도 불구하고 관심에서 멀어져 있었던 것은 소재와 발효액의 분리시점에 대한 명확한 해석 없이 장기간 담가두는 방법을 택하였기 때문입니다. 올바른 건강식이의 방법은 활성 상태의 효소발효액과 건지 그리고 소재 고유의 생리활성물질을 함께 섭취하는 것입니다.

아프리카 칼라하리의 스텝에 서식하는 스프링벅은 초원에서 한가롭게 풀 뜯기를 즐기다가도 갑자기 한 마리가 달리기 시작하면 뒤의 무리들은 왜 뛰는지 영문도 모른 채 그저 엉겁결에 덩달아 모두가 혼신의 힘을 다해 달립니다. 그러다가 앞에 절벽이라도 나타나면 선두의 스프링벅은 가속도를 줄이지 못한 채 뒤에서 달려드는 동료들에게 밀려 절벽 아래로 떨어지는 사고가 빈번하게 발생합니다.

우리 인생도, 효소 공부도 그렇습니다.

　새롭게 얻은 경험과 지식을 서로 나누지 않는다면 발전도 없고 목표도 없습니다. 누구라도 훌륭한 경험과 지식을 집안 대대로 전해오는 비법처럼 지키면서 신비주의로 가리기만 한다면 잘못된 것이 있을지라도 혼자서는 알 수도 개선할 수도 없습니다. 마찬가지로 단지 전해들은 근거 없는 지식을 매개로 검증의 기회 없이 효소발효를 한다면 결국은 분별력을 잃고 스프링벅처럼 무턱대고 달리기만 하다 모든 것을 잃을 것입니다. 도전과 실패를 거듭하면서 깨달은 것은 효소발효 공부에 독불장군은 없다는 것입니다. 함께 고민하고 나누는 선후배, 동료와 이웃들이 있어야만 시행착오를 줄이고 바른 선택과 판단을 할 수 있습니다. 부족함과 허점이 많겠지만 동문수학의 자세로 효소의 지경을 넓혀가기 위한 작은 시도를 이 책으로 먼저 시작합니다. 내용 중에 있을 오류와 오해에 대해 선의의 조언과 지도를 주시면 귀담아 듣겠습니다. 본문 중에 인용한 내용의 출처를 일일이 기록하지 못하고 누락된 부분은 후기한 참고서적으로 대신하였음을 헤아려 주시기 바랍니다.

　졸고임에도 불구하고 변함없는 후원과 격려로 함께해 주신 전국의 '종려나무70' 회원여러분과 저자의 연구원이 있는 은행나무 정자 마을의 여러분께도 인사를 전합니다. 이 책의 출판을 위해 기도해 주신 모든 분들에게 감사드립니다.

은행나무정자골 연구원에서

김병열

C o n t e n t s

Chapter 2. 내가 담그는 효소

Chapter 3. 부록

자연의 좋은 재료에 시간과 정성을 들여 올바른 방법으로 발효시킬 때

비로소 명품효소발효액이 만들어질 수 있다.

'내 손으로 직접 담그는 명품효소발효액'이란 책을 통해

독자 여러분께 먼저 말해두고 싶은 것은

효소발효액은 약이 아니라는 것이다.

Chapter 1

효소란
무엇인가?

나는 강의 첫날 수강생들에게
효소를 정의할 때
효소는 '밥 먹는 것'이라고 말한다.
밥을 먹으면서 생명현상을 생각하는 사람은
거의 없을 것이다.
그러나 오늘날 각종 대사성 질환과 성인병은
결국 밥을 잘못 먹어서 생긴 질환들이다.
효소는 밥을 잘 먹게 해 주는 '촉매'이다.

약이냐? 식품이냐?

만병통치약이 아니라 만병에 관여하는 식품

어느날 몸과 마음이 아팠다

나는 원래 교사였다. 교사로서 꿈꾸는 이상과 학교의 현실의 상이함은 나의 몸과 마음을 지치게 했다. 먼저 당뇨가 왔고, 대상포진이 뒤따랐다. 결국 학교에서 쓰러지는 일까지 벌어졌다. 처음엔 중풍이 온 줄 알았다. 하지만 의사는 중풍은 몸의 한쪽만 마비되는 것이라 했다. 불행인지 다행인지 나의 몸은 양쪽 다 마음대로 움직여지지 않았다. 병원에서 할 수 있는 거의 모든 검사를 해 보았으나 한번 망가진 몸과 마음은 쉬 나아지지 않았다. 목마른 사람이 우물을 판다고 했던가. 그때부터 스스로 병을 치료하기 위해 방법을 찾아 나섰다. 그때 누군가에게서 효소가 몸에 좋다는 얘기를 전해 들었고, 여기저기서 구해 먹어보았다. 증세가 바로 호전되는 것은 아니었지만 꾸준히 먹으니 피곤이 덜하고 소화가 잘 되는 게 느껴졌다. 무엇보다 좋은 건 쾌변이었다. 화장실에 한번 들어가면 조간신문을 다보고 나올 정도로 극심한 변비에 시달리던 나는 신진대사가 활발해졌다는 것을 금세 알 수 있었다. 물론 학교를 떠났기 때문에 더 이상 스트레스를 받지 않는 것도 영향을 미쳤을 것이다. 하지만 나는 효소가 내 몸을 바꾼 결정적인 계기라고 믿었다. 여기저기서 구해 먹으려 하니 내게 맞는 효소발효액을 찾기도 어려웠지만 비용도 만만치 않았다. 나는 '집에서 만들어 먹을 수 없을까?'하는 생각을 하게 되었고 마침내는 효소 만드는 분들을 직접 찾아다녔다. 그 과정에서 수없이 많은 시행착오를 겪었다. '내 손으로 직접 담그는 명품효소발효액'이란 책을 소개하면서 먼저 말해두고 싶은 것은 효소발효액은 약이 아니라는 것이다.

효소가 몸에 좋긴 하지만 약처럼 뚜렷한 치료효과를 내는 것은 아니다. 사람에 따라 좋은 효과를 보기도 하지만 일단은 꾸준히 먹으면서 건강에 도움이 된다는 정도로 생각해야 한다. 효소는 우리 몸의 신진대사 기능이 원활해지도록 돕지만, 질병을 완전히 막거나 치료효과를 나타내지는 않는다. 물론, 몇몇 치료환자들이 있고 수강생 중에도 위암 증세가 호전되기는 했지만, 이는 예외적인 경우라고 할 수 있다.

효소, 만병통치약이 아니라 만병에 관여하는 식품

울산의대 나도선 교수는 한 매체에 기고한 글에서 효소관련 식품 유행에 대한 우려를 나타냈다.

'몸에 좋다'는 효소건강식품이 성행하고 있다. 현미효소, 채소효소, 산야초효소, 브로콜리효소, 마늘효소 등등 수많은 업체가 판매하는 효소제품의 종류도 다양하다. 다이어트 효능에 항산화작용은 물론 면역증진까지 이것을 먹으면 만병통치가 되는 것처럼 선전한다. '효소' 전면광고가 자주 등장하고 홈쇼핑 판매도 빈번한 것을 본다.

한 업체의 광고를 자세히 보니 "인간이 효소를 모두 소모했을 때 수명이 끝난다. 누구나 나이를 먹어감에 따라 몸 안의 효소가 감소하기 때문에 반드시 효소 보조식품을 꾸준히 섭취해야 한다."라는 말도 안되는 문구를 쓰고 있었다. 인터넷을 검색해보니 많은 효소식품들이 얼토당토 않은 주장을 '과학'으로 포장하고 있었다.

2012년 건강관련 뉴스에서 가장 뜨거운 아이템이 효소였다. 홍삼 · 오메가3 · 비타민C 정도만 챙기던 건강식품 애호가들도 이제는 효소를 찾는다. 상업화 과정에서 과도한 광고와 효능에 대한 과대포장은 우려스럽다. 나도선 교수의 글은 그 부분을 경계한 것이라 생각된다. 특히 '만병통치약'이라는 단어에 대해 제대로 이해할 필요가 있다. 효소발효액이 '만병통치약'은 아니지만 만병에 관여하는 것은 다양한 연구결과를 통해 확인할 수 있다. 그 이유는 효소가 우리 몸의 신진대사와 관련이 있기 때문이다.

또한 발효과정은 인공의 화학적 반응과정이 아니라 자연 미생물을 통해서 얻어지기 때문에 그 결과물은 친환경적일 수밖에 없고 그래서 신뢰할 수 있다. 이것을 본인이 직접 만든다면 제조과정도 신뢰할 수 있기 때문에 그 자체로 명품효소발효액이라고 할 수 있겠다. 이것이 내가 스스로 효소를 만들고 그 과정을 책으로 소개하게 된 이유이다.

생명현상은 화학반응이다

효소란 무엇인가?

'생명의 불꽃' 효소

나는 농업기술센터와 대학부설 평생교육원에서 강의를 하고 있다. 수강생들 대부분이 효소에 대해 나에게서 처음 듣는 이야기가 아니라는 점은 대단히 흥미롭다. 대부분의 수강생들이 "효소가 좋다더라", "어떻게 담는다더라", "이게 돈이 된다더라", "앞으로 사업적으로 유망하다더라" 등 누군가에게서 흘려들은 소위 '카더라 통신'으로 효소를 알고 있었다. 이런 상황에서 강의를 찾아온 사람들은 대부분 원리와 방법에 대한 '체계화'된 지식에 목마름을 느끼는 것 같았다.

나는 강의 첫날 수강생들에게 효소를 정의할 때 효소는 '밥 먹는 것'이라고 말한다. 밥을 먹으면서 생명현상을 생각하는 사람은 거의 없을 것이다. 그러나 오늘날 각종 대사성 질환과 성인병은 결국 밥을 잘못 먹어서 생긴 질환들이다. 효소는 밥을 잘 먹게 해 주는 '촉매'이다. 탄수화물, 단백질, 지방 등의

효소는
밥먹는 것이다.

영양소는 그것을 먹었다고 소화되는 것이 아니고 효소의 작용을 통해 세포가 흡수할 수 있는 크기와 성질로 분해된다. 따라서 효소의 기능을 정확하게 이해하는 것은 생명현상의 원리를 이해하는 것과 같다고 할 수 있다.

인간의 생명활동은 끊임없는 효소의 작용으로, 생화학자들은 생명현상을 "세포 내에서 효소의 도움으로 수많은 생체화학 반응을 수행하는 현상"이라고 정의한다. 일반적으로 화학반응에서 반응물질 외에 미량의 촉매는 반응속도를 촉진하는 역할을 한다. 우리 몸에서 일어나는 화학반응도 촉매에 의해 속도가 빨라진다. 특별히 생물체 내에서 이러한 촉매의 역할을 하는 것을 효소라고 부르며 효소는 단백질로 이루어져 있다. 효소가 촉매역할을 하지만 촉매 그 이상의 생기(生氣)적 물질로 보기도 하는데 이런 맥락에서 효소를 '생명의 불꽃'이라고 표현하기도 한다.

생물체에 존재하는 촉매로서 효소는 1835년 스웨덴의 화학자 베르셀리우스에 의해 처음 확인되었다. 그는 감자 속에 전분의 분해를 촉진하는 물질이 있음을 확인하고 '촉매'라는 말을 처음으로 사용했다. '효소(enzyme)'라는 단어는 1878년 독일의 유기화학자 빌헬름 퀴네가 처음으로 사용했는데, 그리스어 '효모의 속(in yeast)'이라는 말에서 유래했다고 한다.

소화작용과 신호전달물질

효소의 주요기능 중 가장 잘 알려진 것이 소화작용이다. 대표적으로 알려진 것이 우유의 소화에 관여하는 락타아제이다. 우유를 잘 소화시키지 못하는 것을 유당불내증이라고 하는데 정도의 차이는 있지만 대체로 한국인 10명 중 8명이 여기에 해당된다. 유당불내증은 유당 분해 효소인 락타아제가 부족한 증상이다. 락타아제가 없으면 우유를 먹고 난 후 소화가 되지 않는 느낌을 받

을 수 있다. 그밖에 침의 아밀라아제는 음식을 소화하기 쉽게 부수고, 위장의 프로테아제·리파아제 등은 영양분이 세포막 안으로 흡수될 수 있도록 변환시킨다.

우리가 잘 모르는 효소의 기능도 있다. 심장을 움직이는 것도 효소의 역할인데 심장 세포막에서 효소가 분비되면 전기자극이 시작되면서 수축과 이완의 반복 운동을 한다. 혈액에 포함된 앤지오텐신 가수분해효소(앤지오텐시나아제)는 혈압을 낮추고, 앤지오텐신 전환효소는 혈압을 올리는 역할을 한다. 이들 효소 분비에 밸런스가 깨지면 혈압조절에 문제가 생긴다. 또한 혈액 속 플라스민이라는 효소는 혈전용해작용을 하는 것으로 알려져 있다.

최근 효소에 대한 뜨거운 관심은 식습관 및 식문화와 관련이 있다. 대사증후군과 성인병은 결국 식습관과 깊게 연관되어 있기 때문이다. 서울성모병원 가정의학과 김경수 교수는 중앙일보 인터뷰에서 인스턴트 음식 섭취를 효소 부족의 주요원인으로 꼽았다. "효소는 채소나 과일 등 살아있는 음식에 많은데 현대인의 밥상 90% 이상이 대부분 화식(불로 익힌 음식), 또는 가공과정이 많이 들어간 인스턴트 음식으로 효소를 섭취할 기회가 거의 없다."고 말했다. 또 나이가 들면서 자연히 효소 분비량도 줄어드는데 노령층이 젊은층에 비해 소화효소가 절반 이상 적어진다는 것이다. 일반적으로 효소 분비는 어렸을 때 가장 많고, 40~50대를 기점으로 많이 감소한다. 체내 효소가 줄면 아무리 좋은 음식을 먹어도 흡수가 잘 되지 않고, 비타민이나 영양제도 효과를 발휘하지 못할 수 있다.

신진대사란
분해 · 흡수 · 산화 · 환원의 과정이다
성인병이란 결국 대사증후군

효소에 대해 일반적으로 알려진 내용은 "효소가 부족하거나 제 역할을 못하면 신진대사가 원활하지 못하여 면역력이 떨어지기 때문에 식품을 통해 효소를 충분히 섭취해야 건강을 지킬 수 있다."는 것이다. 또한 각종 성인병과 연관지어 언급되는 단어가 '대사증후군'이다. 대사증후군이란 비만, 고혈압, 당뇨, 이상지질혈증 등 우리가 흔히 말하는 다양한 성인병들이 한꺼번에 나타나 심혈관계 질환에 취약한 상태에 놓이게 되는 것을 말한다.

분해와 흡수

신진대사란 우리 몸이 몸 밖으로부터 섭취한 영양분을 몸 안에서 분해 · 합성하여 생체 성분이나 생명 활동에 쓰이는 물질이나 에너지를 생성하고, 필요하지 않은 물질들을 몸 밖으로 내보내는 작용이다. 비만을 대사증후군이라고 정의하는 것은 비만 환자의 경우 신진대사가 원활하지 못하기 때문이다.

신진대사에서 핵심적인 역할을 하는 것이 효소이다. 효소의 크기는 1억분의 1㎜ 정도로 알려져 있다. 몸속으로 들어온 음식은 저절로 분해되지 않는다. 소화 효소가 있어야 분해되고, 분해되어 흡수된 이후 생명활동이 진행된다. 몸 속에 소화 효소가 없다면 밥 한 끼를 소화하는 데 수일 또는 그 이상이 걸릴 수도 있고, 소화되어 분해되기 전에 높은 체온으로 인해 부패해 버릴 수도 있다. 하지만 다행스럽게도 효소작용으로 불과 두세 시간이면 탄수화물과 단백질이 포도당과 아미노산으로 잘게 분해되어 몸에 흡수된다. 음식이 입에 들어가면 침에서 분비되는 효소가 1차로 분해하고, 식도를 타고 내려가 위장과 소장을 거치는 동안 각기 다른 소화 효소가 분비되어 음식물을 세포가 흡수할 수 있는 크기의 입자로 분해한다. 분해된 입자가 세포 곳곳으로 이동해 에너지로 쓰이는 과정에도 효소가 관여한다.

노폐물과 독소의 배출

신선한 음식을 통해 좋은 영양분을 섭취하는 것만큼이나 대사 과정에서 생긴 노폐물을 되도록 빨리, 그리고 효율적으로 몸 밖으로 배출하는 것이 중요하다. 현대인은 오염된 공기를 들여마시고, 패스트푸드와 화학조미료가 첨가된 음식을 먹는다. 장기적으로 나쁜 환경에서 생활한다면 결국에는 병에 걸리고 말겠지만, 우리가 쉽게 병들거나 죽지 않는 것은 효소의 역할 때문이다. 효소는 몸의 대사 과정에서 생기는 노폐물이나 독소를 분해해 몸 밖으로 배출시킨다. 땀, 소변, 대변은 바로 그런 작용에 의해 생기는 부산물이다.

해독과 살균

효소가 부족하면 신진대사가 원활하게 이루어지지 않아 몸이 무겁고 몸속에 독소가 쌓이게 된다. 독소를 방치하면 혈액이나 체내 조직 세포에 노폐물이 축적되어 염증을 일으키게 되고 염증에서 여러 가지 질병이 파생된다.

'피가 깨끗해야 건강하다'는 말이 있다. 실제로도 건강하지 못한 사람의 혈액은 각종 독소와 노폐물, 콜레스테롤 등이 강한 산성을 띠게 한다. 건강한 사람은 몸에 효소가 많아 혈액 속 노폐물과 독소를 빨리 배출시킴으로써 약알칼리성을 띠게 된다. 몸에 상처가 나면 쉽게 아물지 않고 자꾸 덧나거나 몸이 조금만 피곤해도 입 주위나 점막 부위에 염증이 생기는 사람도 효소가 부족할 수 있다. 몸에 효소가 충분하면 염증 부위에 효소가 몰려가 해독과 살균 작용을 하기 때문이다.

밥 한 끼냐? 효소 한 잔이냐?

당뇨환자로서의 경험

밥 한 끼와
효소액 한 잔을
맞바꾸면 된다.

내가 왜 당뇨인가?

당뇨는 대표적인 대사증후군이다. 교사로 근무할 당시 2년에 한 번씩 건강검진을 받았다. 당뇨판정을 받기 얼마 전부터 감기가 잘 낫지 않는다는 느낌을 받았다. 먼저 목감기부터 시작되어 거의 한 달 이상 지속되었다. 그러던 중 건강검진 결과 당뇨가 의심스러우니 재검을 받으라는 통보를 받았다. 처음에는 도무지 믿기지 않았다. 아마도 내 몸은 내가 잘 안다는 자신감이 있었던 것 같다. 대학병원에서 다시 검사를 받았는데 역시나 당뇨판정을 받았다. 혹시나 하는 마음에 다른 병원에서 세 번째로 검사를 했지만 결과는 마찬가지였다. 마지막 병원을 나서며 떠오른 생각은 "감기 앓은 것 밖에 없는데 내가 왜 당뇨인가?"였다.

2년 전 상황을 역추적해 보았다. 나는 모종의 이유로 교직생활에 큰 어려움을 겪고 있었다. 학교를 떠나느냐 마느냐를 두고 몹시 고민하는 상황이었다.

의사는 스트레스도 충분히 당뇨의 원인이 될 수 있다고 했다. 결국 모든 것은 하나로 이어져 있었다. 감기가 잘 떨어지지 않는 것도 당뇨의 영향으로 생각되었다. 그때부터 나는 당뇨에 좋다는 것들을 찾아나섰다. 누군가에게 "○○이 당뇨에 좋다"는 얘기를 들으면 최선을 다해 구했다. 그 과정에서 효소발효액을 알게 되었고, 꾸지뽕 뿌리, 달개비, 돼지감자 등 만들 수 있는 것은 거의 만들어 음용하였으며 많은 도움이 되었다.

　당뇨가 있는 사람들은 대체로 효소액을 두려워한다. 설탕으로 만들었기 때문이다. 한번 생각해보자. 밥 한 공기 130g의 70%가 탄수화물이다. 이를 효소액 한 잔과 맞바꾸면 된다. 나는 아침강의가 있는 날은 간혹 밥 대신 효소액을 마신다. 그리고 우리 집 식탁의 거의 모든 음식에 효소액을 첨가한다. 그러나 당수치는 기존의 관리 범위를 멋어나지 않는다. 이것은 어디까지나 개인적인 경험이지만 전문가들의 연구가 이어졌으면 하는 바람이다.

병의 근원

다행히 뜻있는 의사들이 작년 12월 '기능의학학회'를 설립했다. 기능의학은 병의 근본 원인을 알아내고 약물 치료를 줄이는 한편, 인간의 자가 치유 능력을 강화해 근본적인 치료를 목적으로 한다. 아래 인용문은 기능의학회 창립기념 좌담회 내용 중 박석삼 가정의학 전문의의 대사증후군에 대한 설명이다.

"최근 식습관과 환경 변화에 따라 대사증후군이 증가했습니다. 기능의학은 대사증후군의 원인을 찾아내 정확하게 치료할 수 있습니다. 대사증후군의 주요 원인은 내장지방 증가입니다. 내장지방에는 환경독소가 많이 들어가게 되는데, 환경독소가 염증을 만들게 되고 그 염증이 대사 장애를 일으킵니다. 대사 장애로 인해 갑상선기능과 대사속도가 떨어져 지방이 쌓입니다. 그리고 뇌의 식욕중추가 렙틴이라는 물질에 저항해 계속 먹어도 식욕을 조절하기 어려워지죠. 또 독소가 지방간에 들어가 효소장애를 일으키면 간에서는 호르몬의 생산과 독소 분해를 하지 못하게 되어 그 결과 고지혈증이 나타납니다.”

한 가지 분명히 해 두고 싶은 것이 있다. 효소발효액이 당뇨를 치료하는 것은 아니라는 점이다. 단지 신진대사를 도와줄 뿐이다. 당뇨환자일수록 신진대사를 고려해야 하고 그렇기 때문에 나는 효소발효액이 도움을 줄 수 있다는 개인적인 경험을 이야기한 것이다. 효소만 있으면 어떤 병도 나을 수 있다는 생각은 위험하다. 효소는 단지 치료할 수 있도록 돕는 역할을 한다.

효소는 기능에 따라 인체 내에서 다양한 화학반응의 촉매 역할을 하며 신진대사를 촉진하여 자연 치유력을 강화시켜 치료와 회복을 돕는 것이다.

체내효소와 음식효소,
대사효소와 소화효소

효소는 가열한 요리에는 없다. 오로지 익히지 않은 날 음식에 많이 들어 있다. 따라서 효소를 충분히 섭취할 수 있는 식사란 날것을 충분히 먹는 것이라고 할 수 있다. 인류는 아주 최근까지 몇 십만 년을 그런 식으로 식사해 왔다. 효소가 부족한 식사는 내분비계에 직접적인 스트레스를 준다. 뇌에서부터 몸 전체에 영향을 미친다. 쥐에게 자연 그대로의 날것이 포함된 음식과 날것이 전혀 없는 음식을 주면서 기르는 비교연구(다른 시간과 다른 장소에서 독립적으로 수행된 연구)에서 완전히 일치하는 결과를 얻었다. 날것을 일절 주지 않고 기른 쥐는 뇌가 작아지고 췌장이 비대해졌다.

불에 익혀서 효소가 결핍된 음식 섭취는 사람의 췌장을 비대하게 만든다. 효소가 파괴된 음식 섭취는 다른 호르몬을 조절하는 뇌하수체를 병리학적으로 과도하게 확장시킨다. 췌장의 확장은 심장, 갑상선 등의 확장만큼이나 위험하다. 또한 섬유질이 파괴된 불에 익힌 음식은 생식보다 소화기관을 더 느리게 지나가면서 부분적으로 발효되고 부패되고 상해서 신체에 유해물질을 발산하여 수많은 질병의 원인이 될 수 있다.

인체 내에서 효소의 소화 및 흡수작용을 가장 잘 보여주는 효소가 바로 '락타아제(Lactase, 유당분해효소)'이다. 우유에 들어있는 유당은 우유와 모유의 주요 당분으로, 몸에 흡수되기 위해서는 그 소화효소인 락타아제가 필요하다. 락타아제는 보통 소장에 있으며 유당을 포도당과 갈락토오즈(Galactose)로 분해하는 역할을 한다. 즉 유당은 두 당분의 결합에서 생겨난 것이다. 유제품을 잘 소화시키는 사람들은 락타아제가 정상적으로 분비되어 유당이 포도당과 갈락토오즈로 소화, 분리되어 흡수된다. 하지만 락타아제가 없는 사람들은 유당이 소화되지 않은 채 결장으로 내려가 미생물에 의해 발효되면서 소화장애를 일으키게 된다. 따라서 우유, 심하면 치즈나 크림 등의 유제품을 섭취할 경우, 배가 아프고 가스가 차거나 설사를 하는 증상이 나타나는 것이다. 효소에는 인체 내에 존재하는 체내효소(잠재효소)와 체외에서 섭취하는 음식효소(먹거리효소)가 있다. 체내효소는 생명활동과 질병치료에 쓰여지는 대사효소와 음식물 소화에 이용되는 소화효소로 다시 나뉜다. 소화효소로는 우리가 익히 알고 있는 아밀라아제, 펩신, 리파아제 등이 있다. 음식효소는 과일이나 채소에 들어 있는 효소로서 캡사이신, 베타카로틴, 아스파라긴산 등의 항산화물질을 함유하고 있다. 우리가 효소로 섭취하는 제품들은 효소를 함유하고 있으나 저분자화되어 분해된 형태가 아니므로 체내에서 다시 분해되어 흡수되는 과정을 거쳐야 한다. 따라서 이러한 제품들은 진정한 의미의 효소가 아닌 효소가 함유된 식품으로 봐야 할 것이다.

소화효소인
락타아제가
유당의 흡수를
돕는다.

남들 따라 산야초를 채집하던
잡마니에서…
효소발효와 건강식이 전문가로

나는 여섯 곳 이상에서 각기 다른 효소를 사 먹었다. 각각의 효소마다 조금씩의 차이점이 있었지만, 특히 경남 고성의 N효소원에서 구입한 것은 다른 효소보다 단맛이 적고 향이 좋은게 인상적이었다.

이 효소의 생산자 분을 알게 된 것은 인터넷에 그 분의 아들이 올린 글 때문이었다. "저희 어머니께서 효소발효액을 만드시는데 정말 믿을 수 있게 성실하게 만드십니다."라는 내용이었다. 아들의 글에 진정성이 느껴져 일단 믿고 사먹기 시작했다.

그 분의 효소가 마음에 들었던 나는 직접 여러 차례 방문해서 담그는 과정에 대해 여쭈어 보았다. 그럴 때마다 그 분은 항상 상세하게 이야기를 해 주셨다. 그러는 과정에서 나는 자연스럽게 효소발효액의 차이와 만드는 과정에 대해 궁금증이 생겼다.

자연이 눈에 들어오다

효소 공부를 하기 시작한 이유는 "제대로 알고 먹어야 되지 않겠나?"라는 생각에서였다. 퇴직을 하고 나니 시간적 여유가 생겨 본격적으로 효소를 담그기 시작했다. 처음 담글 때는 거의 소꿉장난 수준이었다. 남들을 따라서 이것저것 만들어 보았지만 관련 지식이 부족하다보니 한계가 분명했다.

초기에는 주로 산야초를 채집해 담궜는데 내가 도시 출신이다보니 풀과 나무에 대해 잘 몰랐다. 이것저것 다양하게 담아보고 싶었지만 도대체 무엇으로 어떻게 해야 하는지 알 수가 없었다.

개복숭아는 익기 전 한 달이 좋다거나, 산사열매는 빨갛게 익기 전에 따야 한다는 등 사람마다 의견이 분분했다. 특정 약초의 어떤 부분을 사용해야 하는지, 어떤 것이 뿌리까지 쓸 수 있는지 이것저것 알고 싶은 것이 너무 많았다. 산야초와 약용식물에 관한 여러가지 참고 서적을 보고 도움을 받을 수 있는 여러 경로를 찾아 열심히 배웠다. 아내와 함께 배우다 보니 함께하는 시간에 대한 즐거움도 컸다.

산야초와 약용식물을 공부하면서 풀과 나무와 열매에 대해 조금씩 알아갔고, 비로소 산과 들이 눈에 들어오기 시작했다. 그렇게 해서 무엇을 담궈야 하는지는 알게 되었지만 이번에는 어떻게 먹는 게 좋은지 궁금해졌다. 공부를 하다보니 식이요법에 대한 상식도 더 알고 싶어져 건강식이도 공부하게 되었고, 아로마테라피 분야에도 관심을 갖게 되었다.

파이토케미컬

약용식물을 공부하면서 알게 된 것은 식물 고유의 생리활성물질인 파이토케미컬이다. 그리고 이 성분이 식물의 껍질에 많이 들어있다는 것도 알게 되었다. 양파는 파이토케미컬이 껍질 부위에 300배나 많았다. 시간이 지나고 경험이 쌓일수록 이 파이토케미컬이 효소발효액의 핵심이라는 생각이 들었다.

무는 효소발효계의 신병훈련소

책을 보고 경험을 하니 효소 소재 판별여부에 어느 정도 자신이 생겼다. 여러 가지 소재를 시도해 보다가 동충하초까지 사용한 적도 있었다. 허나 동충하초는 영양은 둘째치고 일단 맛이 없어서 활용도가 떨어졌다. 효소를 만들었을 때 제일 맛있고 좋은 재료는 우리가 일상에서 늘 먹는 것들이었다. 특히 무는 내가 강의시간에 1번 타자로 활용하는 소재이다. 소화효소가 풍부하고, 사계절 내내 신선하고 싼값에 구할 수 있기 때문이다. 그리고 무와는 특별한 인연이 있기도 한데 과거 효소발효액을 구입했던 N효소원에서 효소발효액과 함께 무를 보내주신 적이 있었다. 직접 기른 유기농 무였다. 처음엔 깍두기를 담을까 하다가 효소발효액을 담궈보았더니 만들기도 간편하고 소화도 잘되고 맛도 좋았다.

 나는 지금도 수강생들에게 첫 번째 실습소재로 무를 적극 권장하며 효소발효액의 신병훈련소라고 말한다. 다루기 쉽고 발효가 빨라서 당뇨인이 아니면 2개월 후부터 마실 수 있기 때문이다. 또한 알칼리성 식품으로 건지를 활용한 맛도 뛰어나서 누가 먹어도 저절로 좋다는 소리가 나오는 탁월한 소재이다.

무는 효소발효액으로 탁월한 소재이다.

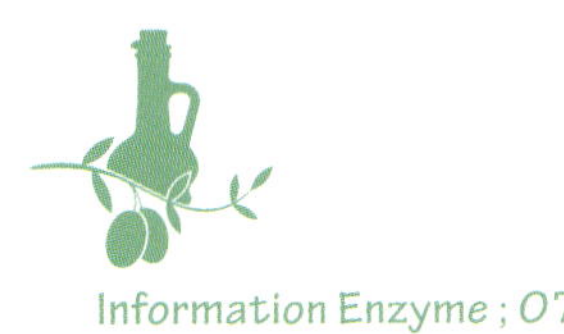

왜 열매만 가지고
발효시키려 하십니까?

무궁무진한 소재들

건강회복을 위해 효소발효액을 담그기 시작했지만, 어느 시점부터 효소발효액을 담그는 것 자체가 즐거워졌다. 시간이 지날수록 처음 담근 것보다 점점 완성도가 높아졌고, 특히 새로운 소재를 발굴하는 재미가 쏠쏠했다. 색깔, 맛, 약성이 괜찮으면 나는 어떤 소재든 효소로 만들어 보았다. 이제 낯선 곳에 가면 효소 소재부터 찾는다. 이제까지 내가 담귀본 소재는 다음과 같다.

등꽃, 뽕잎, 연엽, 자리공 뿌리, 쑥, 사자발 약쑥, 알로에, 오가피, 오미자, 토복령, 어성초, 목련, 돼지감자, 곰보배추, 개복숭아, 송순, 송엽, 진달래, 원추리, 둥글레, 황정, 갈순, 갈근, 찔레, 아카시꽃, 아카시재목버섯, 죽순, 뜰보리수, 앵두, 버찌, 황매실, 싸리, 야관문, 도라지꽃, 도라지, 블루베리, 아로니아, 자두, 복숭아, 사과, 깻잎, 익모초, 오행초, 양파, 달개비, 상추, 수세미, 마늘, 산딸나무, 포도, 산사, 구절초, 호박고구마, 자색고구마, 밤, 감, 배, 꽃사과, 생강, 고추, 산수유, 무, 미강, 늙은 호박, 단호박, 물미역, 겨우살이, 꾸지뽕, 야콘, 초석잠, 비트, 연근, 강황, 톳, 양배추, 황새냉이, 땅두릅, 민들레, 담쟁이 덩굴, 소루쟁이, 금전초, 보리, 부추, 더덕, 오디, 삼백초, 열무, 동백열매, 호두, 느타리버섯, 표고버섯, 은행, 비단풀, 층영, 노각, 으름, 명자, 키위, 파인애플, 방울토마토, 토마토, 주홍감자, 차잎, 천년초 열매, 천년초, 대추, 콜라비, 오가자, 울금, 둥근마, 황기, 한련초, 산죽, 인동초, 참나물, 미나리, 차전초, 엉겅퀴, 곰취, 하고초, 회화나무, 미선나무, 두충, 탱자, 자귀나무꽃, 복분자, 수박, 모과, 석류, 살구, 가지, 생강, 여주, 자소엽, 월견초, 화살나무, 와송, 칡, 샐러리, 차열매, 함초, 여주, 삼채…

효소발효액을 만들 때 재료를 포도나 사과 같은 과일이나 산야초류의 약용 식물로 한정짓기 쉬운데, 주변에서 흔히 볼 수 있는 풀들의 생명력을 간과하지 않았으면 좋겠다. 또한 열매뿐 아니라 잎과 뿌리도 다양한 소재가 된다.

블루베리잎

수강생 중에는 전문 분야에 종사하는 사람들이 많다. 자신의 전문 분야에 효소발효를 접목하여 새로운 활로를 모색하고 있는 것이다. 창조적 아이템 개발을 위해 바쁜 시간을 쪼개어 그야말로 의지를 불태워가며 의욕을 북돋우고 있다. 블루베리 도입 및 재배 기술 전수와 신품종 개발에 헌신해온 충남 청양군 'Art 블루베리 농원'의 P선생 내외분도 그 중 하나이다. Art 블루베리 농원은 폐교를 활용하여 비닐하우스 시설을 갖추고 묘목을 생산하고 있다. 생산된 묘목은 기후에 적응시켜 하우스 재배가 아닌 노지 재배에 적합한 새로운 품종

블루베리의
아름다운 잎에도
파이토케미컬이
함유되어 있다.

으로 개발하는 연구도 병행한다. 아울러 블루베리 과일의 부가가치를 높이는 방안으로 효소발효 접목을 시도하고 있다. 수확한 블루베리 생과 중, 크기나 모양에서 상품성이 다소 떨어지는 것은 적합한 효소발효법과 시설을 갖추어 기능성 건강 음료로서 블루베리 효소발효액을 생산하고 판매하는 계획을 가지고 있다. 그리고 생과만이 아니라 블루베리 잎에도 탁월한 약성과 함께 파이토케미컬이 풍부하다는 것에 착안하여 블루베리의 단풍잎을 발효에 활용하는 연구를 진행하고 있다. 구체적인 발효법에 대해 공동연구를 제안하여 필자와 함께 그동안 많은 시행착오를 거듭하였지만 이제 상당한 수준의 블루베리 잎 효소발효법을 확보하게 되었다. 좀 더 체계를 갖추고 계량적 분석 자료를 정리하게 되면 생과 생산에 머물러 있던 블루베리 재배농가는 새로운 부가가치 창출과 소득 증대의 기회를 갖게 될 것이다. 이미 완성한 블루베리잎 효소발효액의 빛깔과 향, 맛의 풍미효과는 생과를 뛰어 넘는다.

녹차잎과 동백

동백열매의 다른 이름은 산다자(山茶子)이다. 즉 산에서 나는 차나무 열매, 큰 범주에서 야생 차나무 열매로 간주할 수 있다. 필자가 충남 서천에 소재한 C교수의 아리랜드를 방문한 것은 8월의 한여름이었다. 농업입국을 꿈꾸던 선친의 농장을 이어 가꾸시던 J대표는 새로운 아이템을 기획할 때 효소도 한 분야로 접목할 수 있겠다고 생각한 것이 계기였다. '안 와보면 후회할 것'이라는 C교수의 당근 같은 초대에 응해 탐방한 날, 무엇보다 첫눈에 들어온 것은 발그스레 익어가는 동백열매였다. '정말 안 왔으면 후회했을 것이 바로 이것이구나.' 하는 생각이 절로 들었다. J대표께 주저 없이 동백열매를 효소발효시켜 볼 것을 권유했고 즉시 발효를 진행하여 훌륭한 결과물을 얻었다. 이후 힐링캠프로 방향을 전환하며 효소발효의 새 지평을 열어갈 것을 기대하고 있다.

표고버섯

김제에서 표고버섯 농장을 하시는 분이 강의를 듣기 위해 왔다. 남편이 표고
버섯재배로 신지식인에 선정된 경력도 있다고 했다. 나는 이분에게 표고버섯
에 대한 여러 이야기를 들을 수 있었다. 표고버섯 중 상품성이 떨어지는 것은
말려서 가루로 판매하는데 대개 톤 단위로 계약한다고 한다. 그런데 계약가
격과 판매가격의 차이가 생각보다 컸다. 뭔가 제 가격을 받을 수 있는 방법이
필요했고, '이게 혹시 효소가 되지 않을까?' 싶어 부인이 직접 강의를 들으러
온 것이었다. 표고버섯의 효소액은 그자체로 사용할 수 있고, 건지는 튀김,
한과 등 훌륭한 식재료로 사용할 수 있다.

커피

최고급 커피인 인도네시아 르왁커피의 원리는 간단하다. 사향고양이가 잘 익
은 커피체리를 먹은 후, 소화되지 않은 커피콩이 장내에서 효소에 의해 단백
질이 분해되면서 고유한 커피향을 가지고 바깥으로 배설된 것이다. 효소커피
도 마찬가지이다. 커피원두를 발효시키면 되는 것이다. 수강생 한 분이 2012
년 가을에 강의를 듣고 바로 발효커피로 창업을 했다. 상표등록과 관련해서
우여곡절이 있긴 했지만 아무튼 커피 효소발효액의 사업적 기능성을 엿본 경
우였다.

유익균, 유해균, 호당균, 호염균
장내균형과 삼투압 미생물에 대한 이해

비피더스, 유산균은 유익균

효소발효액을 담그기 위해서는 장에서 일어나는 신진대사 과정과 발효과정 중에서의 미생물의 역할에 대해 어느 정도 알아둘 필요가 있다.

입속에 들어간 세균은 위산에 의해 대부분 제거된다. 그러나 그 관문을 뛰어넘은 세균은 30분에 한 번꼴로 세포분열을 반복해 기하급수적으로 늘어나 대장에서 서식하게 된다. '장이 살아야 내 몸이 산다'의 저자인 무라타 히로시 박사는 장내 세균에 대해 다음과 같이 설명하였다.

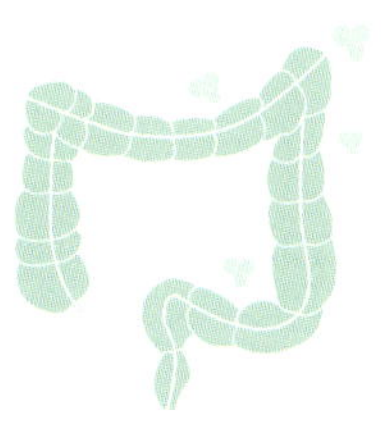

"장내 세균의 종류는 거의 100종(연구자에 따라 500종, 1,000종으로 세분하기도 함.) 이상으로 대장 속은 거의 세균으로 꽉 들어차 있으며 그 모습은 마치 광대한 꽃밭처럼 보인다."

장내 세균에는 건강에 도움이 되는 유익균, 병을 초래하는 유해균, 유익균과 유해균의 우세 정도에 따라 늘 태도가 바뀌는 변덕스러운 균 등이 있다.

대표적인 유익균에는 유산균과 비피더스균이 있으며, 유해균에는 대장균과 웰치균이 있다. 이상적인 장내 환경은 유익균 80%, 유해균 20% 정도인데 우리가 먹는 음식물에 의해 이같은 균형이 깨지기도 하고 유지되기도 한다. 이는 배설되는 대변에도 영향을 준다. 대변의 70~80%는 수분이고, 나머지 20%는 대부분 장내 세균의 사체여서 유해균이 많으면 배변 냄새가 강하게 난다. 유익균과 유해균의 균형이 깨지면 암 · 알레르기 · 치매 · 스트레스 · 노화 · 비만 등 각종 질병의 위험이 높아진다는 게 확인되고 있다. 우리가 장내 유익균의 비율을 높여야 하는 이유이다.

미생물의 생존조건, 삼투압

미생물은 일반적으로 보통의 압력 하에서 자라기 때문에 약간의 기압변화에는 별로 영향을 받지 않지만 높은 삼투압에서는 생존하지 못한다. 미생물 세포는 외부환경보다 약간 높은 삼투압 상태를 유지하고 있어 외부의 삼투압이 높아지면 세포에서 탈수현상이 일어나 원형질분리를 일으킨다.

미생물의 종류에 따라 세포 내 삼투압이 다르고 외부 삼투압에 대한 저항성이 다르다. 균의 종류에 따라서 간혹 높은 삼투압을 요구하는 것도 있는데 이러한 균을 호삼투압성균(osmophile)이라고 한다. 이러한 호삼투압성균 중에서 특히 고농도의 당류에 의한 고삼투압에서도 생육하는 균을 호당성균이라고 하는데 이를 일컬어 흔히 내당성이 크다고 표현한다. 당용액의 삼투압은 당농도를 높일수록 커지고 같은 농도라도 분자량이 적은 단당이 삼투압을 더 높인다.

효소발효액이냐? 설탕액이냐?

일반적으로 미생물의 생육을 방지하기 위해서는 분자량이 342인 설탕은 60~70%의 농도가 필요하나 분자량이 180인 포도당은 45~50%의 농도로도 충분하다.

사해와 같이 높은 소금농도(29%)의 환경에서도 잘 생육하는 균을 호염성균이라고 하는데 할로 박테리움과 간장이나 된장 중에 있는 사카로미케스 막시아누스(Sacharomyces marxianus), 페디오코쿠스 소에(pediococcus sojae) 등은 염장식품을 오염시키는 해로운 균이다.

염장식품의 변질을 막기 위해서는 이러한 미생물의 생육을 억제하고 방지하기 위해 소금 농도를 조절해야만 제 기능을 유지하게 된다.

염장 농도를 조절해야만
염장식품의 보존성을
유지하게 된다.

같은 원리로 효소발효과정에서 설탕을 많이 투입하여 당도를 높이면 삼투압도 지나치게 높아져 설탕저장 식품으로서의 보존성은 유리하지만 효소발효과정에서 효모에 의한 발효는 일어나지 않아 효소발효액이 아닌 설탕액을 만들게 된다.

담글 때는 단일소재,
마실 때는 혼합소재

초보자는 소재 고유의 풍미를 경험하는 것이 좋다.

초보자는 단일소재

저자가 효소를 처음 담글 때는 여러 소재를 혼합해서 담궜다. 지금 돌이켜보면 막무가내 수준이었다. 여러 소재로 효소를 담그면서 주위에 물어보니 혼합해서 담는 이유가 대부분 "남들이 그렇게 하니까", 또는 "왠지 좋을 것 같아서", "그렇게 해도 되더라"라는 막연한 정보에 의존한 것이었다. 개인적으로 터득한 경험으로는 각 소재마다 고유의 맛과 향을 유지하기 위해 효소발효액을 담글 때는 단일소재로 하고, 마시는 것은 혼합하여 먹는 것이 효과적이라 생각한다. 발효가 끝나서 서로 간섭하지 않고 약성만 남아 있는 상태에서 섞어 마시기 때문이다. 효소발효액 담그기에 처음 도전하는 초보자라면 단일소재 한 가지만 사용하는 것이 좋다. 채취하는 대로 여러 가지 소재를 혼합하여 발효시키면, 발효 과정에서 알 수 없는 화학반응이 일어나서 개인별 체질과 특성에 따라 간기능 저하 등의 역기능이 나타날 수도 있기 때문이다. 때로는 유사한 소재의 약성이 협동작용을 일으키거나 한 소재가 다른 소재를 도와서 효능을 증대시킬 수도 있으나 이와 반대로 소재 간 약성이 상호 견제하여 오히려 효능을 감퇴시키거나 독성반응을 일으킬 수도 있으므로 혼합발효는 추천하고 싶지 않다.

100초 효소는 한의사 등 전문가에게

특히 사용하는 소재 고유의 풍미효과(맛, 향, 빛깔)를 명품효소발효액의 기준으로 한다면 단일소재가 바람직하다. 한동안 많은 사람들이 추구해 온 100초 효소(100가지 소재를 혼합 발효시킨 것)는 정확한 유불리를 가늠하기가 어렵다. 따라서 효소발효과정에서 반드시 소재별 약성과 특성을 고려하여 순기능을 가지고 있는 소재만을 선택하여 혼합발효시켜야만 하는 각별한 수고와 노력이 필요하다. 소재를 무분별하게 혼합하여 발효할 경우 일부 역기능이 있을 수 있으므로 마실 때 조심해야 한다. 발효과정의 관리와 실패를 방지하기 위해서라도 효소발효의 소재는 단일화하는 것이 좋다. 각각의 식물 소재에는 각기 다른 미생물들이 서식하고 있는데 그 종류와 세력이 다르고 성장 환경과 조건에 따라서도 다르게 활동한다. 일부 미생물은 발효 초기부터 작용하지만 일부 미생물은 중반 또는 후반에 작용하게 된다. 즉, 발효 전 과정에 관여하는 미생물의 역할과 순서가 일치하지 않아 소재별 미생물과 분해효소의 성질이 상이하고 작용하는 과정도 다르다는 것이다. 그래서 어떤 소재는 초기에 전분 분해효소가 많이 생성되고, 어떤 소재는 설탕 분해효소가 활성을 가지고 있지만 시간이 경과함에 따라 줄어들고 또 다른 분해효소가 증가하게 된다. 즉, 각각의 소재가 발효기간에 따라서 분해작용 효소가 상이하게 작용하며 소재를 분해하는 것이다. 따라서 여러 가지 소재를 혼합하여 발효시키게

각각의 식물 소재에는 각기 다른 미생물들이 서식하고 있다.

되면 발효를 진행하는 미생물 간의 세력다툼에서 세력이 약한 미생물의 개체 수는 감소하고 세력이 우수한 미생물들은 증가한다. 이 과정에서 소재 분해에 작용하는 미생물 중 일부가 사라져버리기 때문에 일부 성분은 분해되지 못하는 결과가 나타난다. 그러므로 혼합발효는 미완의 발효식품이 되어 효소발효의 의미가 상대적으로 퇴색된다고 할 수 있으니 처음 시작하는 경우는 단일 소재로 접근하는 것이 좋다.

체질과 건강상태, 약성을 종합적으로 고려

단일 소재에 서식하는 특유의 분해 미생물들에 의한 상호보완적 상황에서 발효가 진행되어야 풍미효과를 유지하면서도 소재 고유 성분 추출에 유리할 것이다. 그러나 단일소재와 혼합소재에 대한 판단은 소재의 약성과 미생물 군들의 역할을 고려하여 발효 결과와 목적에 따라 선택하기 나름이다. 또한 모든 효소발효액이 누구에게나 좋은 것이 아닐 수도 있으므로 마시는 사람의 체질과 건강상태, 소재의 약성과 특징을 검토하여 자신에게 맞는 소재를 선택해야 한다. 예를 들어 꽃가루 알레르기 증세가 있는 체질의 경우에는 꽃가루가 함유된 소재를 사용해서는 안 될 것이며 약성이 강한 하품의 약용식물 소재를 사용할 때는 특별히 주의하여 전문가의 지도에 따라 사용해야 한다.

독성소재는 돌미나리, 돌나물과 함께

혼합발효가 꼭 필요한 경우 독성이 있다고 판단되는 소재를 함께 사용해야 한다면 감초, 돌미나리, 돌나물과 같이 독성을 순화하는 소재를 혼합하여 발효시키는 것이 좋다. 결론적으로 이미 우리의 식생활을 통해 유익한 성분을 가지고 있으면서 인체에 무독하다는 것이 입증된 소재, 즉 생활 속에서 흔히 접하는 과일과 산야초가 효소발효에 가장 으뜸가는 소재라고 할 수 있겠다.

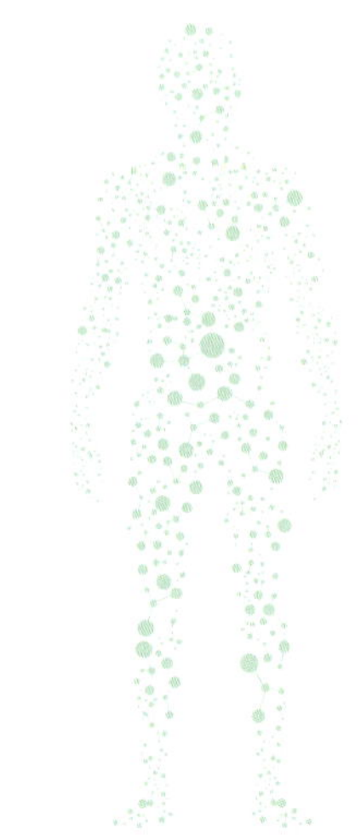

효소발효액은
자신에게 맞는 소재를
선택해야 한다.

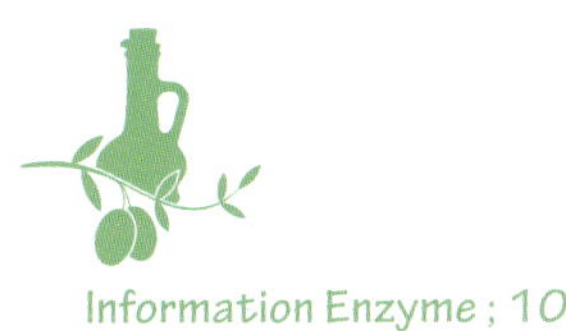

발효과정에 천일염을 넣어 주는 이유

미생물을 보호하라.

미네랄이 필요하다

소금을 효소발효과정에 추가하는 것은 효소발효과정에 미네랄 보충이 필요하기 때문이다. 효소발효를 주도하는 미생물이 자라기 위해서는 미생물의 삼투압 평형상태가 요구되며 따라서 세포의 구성성분과 함께 조효소, 세포내 삼투압 조절에 관여하는 인(P), 황(S), 칼륨(K), 마그네슘(Mg), 칼슘(Ca), 나트륨(Na), 철(Fe) 등의 무기염류가 필요하기 때문에 천일염을 추가하는 것이다. 천일염에 포함된 미네랄은 미생물의 내당성, 내염성 유지와 생육에 중요한 역할을 한다.

즉, 소재와 매질로 사용하는 설탕에 부족한 무기질을 보충함으로써 미생물의 세포 밖에서 이루어지는 효소 생성에 필요한 무기염류를 제공해 효소의 활성상태를 유도한다.

경험적 판단에 의한 미량의 소금첨가와 저어주기(교반)

소재별, 발효과정별, 기타 상황별로 추가하는 소금의 양은 다를 수 있겠으나 매질로 사용하는 설탕의 양에 비해 발효과정에 영향을 미칠 정도로 많은 양의 소금을 추가하면 발효가 중단되거나 효소발효액의 풍미효과를 감소시킬 수 있다. 그리고 투입하는 소금은 반드시 정제염이 아닌 천일염이나 죽염을 사용해야 한다. 그 양에 대해 정해진 계산법이나 정확히 계량된 수치는 없지만 필자의 경험으로 소재 무게에 대배해 0.1% 정도의 소금을 사용한다.

삼투압에 의해 우러나기 시작한 소재의 발효액에 소재가 고루 잠기게 하여 설탕 농도를 동일하게 유지한다. 그리고 발효액 속에 녹아 있는 산소를 공급해 삼투와 발효가 더 잘 이루어지도록 상하좌우로 저어준다. 좌우로 저어주기 어려우면 발효액 위로 떠오른 소재를 한번 뒤집어 상하로 여러 번 눌러 발효액에 잠기게 한다.

독도보다 아이들 먹거리가 중요하다.

효소와 식습관

나사렛대 평생교육원 수강생 중에 충남 아산에 있는 유치원 원장님이 계셨다. "아이들에게 주스나 탄산음료 대신 효소발효액를 주면 어떨까?"라는 생각에 수강하게 되었다고 한다. 요즘 어린이집에서의 부실한 먹거리 뉴스가 심심치 않게 터져나오는 상황에서 참으로 반가웠다. 이 원장님의 생각은 "독도보다 아이들 먹거리가 중요하다."는 것이었다. 아이들이 바른 먹거리로 바르게 커야 독도도 잘 지킬 수 있을 거라는 의미였다. 이분의 요청으로 유치원 입학설명회에서 학부모들을 대상으로 효소발효와 건강식이에 대한 강연을 했다. 유치원에 도착하니 아이들이 부산하게 움직이고 소란스러워 강의가 잘 될까 걱정스러웠지만 현장의 분위기는 뜨거웠다. 아이에 관한 이야기, 먹거리에 관한 이야기, 특히 한번쯤은 들어본 효소에 관한 이야기가 시작되자 대부분의 젊은 엄마, 아빠들이 집중하기 시작했다.

다음 강연자가 바깥에서 대기중인 상황에서 30분 예정의 강의가 열띤 분위기로 인해 한 시간이 넘어서자 원장님 표정이 점점 초조해지는 게 느껴졌다. 유치원을 홍보하는 자리였음에도 불구하고 아이들을 위한 원장선생님의 마음과 먹거리에 대한 부모들의 관심을 확인할 수 있는 소중한 시간이었다.

성조숙증, 7년 사이 17배

최근 보도되고 있는 성조숙증 아동(소아성인병)의 문제는 본질적으로 잘못된 먹거리 때문에 발생하는 것이다. 상계백병원 소아청소년과 연구팀이 9세 미만 여아와 10세 미만 남아를 대상으로 한 조사 결과 성조숙증 확진을 받은 어린이 수가 7년간 17배 이상 급증한 것으로 나타났다. 특히 2004년에는 10만 명당 14명이었던 것에 비해 2010년에는 10만 명당 388명으로 늘었으며, 남아 231명에 비해 여아가 8,037명으로 그 비율이 현저히 높았다. 2차 성징은 뇌에서 분비되는 생식선 자극 호르몬이 성호르몬 분비기관을 자극해 나타나는데, 정상적이라면 이 시기가 사춘기와 거의 일치한다. 하지만 살이 찌면 지방 세포의 렙틴이라는 물질이 성호르몬 분비를 유도해 성조숙증을 일으키게 된다.

성조숙증 아동들은 정신적인 부분이 신체 발달을 따라가지 못하기 때문에 심리적인 스트레스를 받을 수 있다. 성조숙증의 큰 원인은 잘못된 식생활 습관으로 인한 비만이다. 또한 TV나 인터넷 매체의 자극적인 콘텐츠에 장시간 노출되는 것도 원인으로 꼽힌다. 특히 육식 위주의 식습관과 패스트푸드의 범람은 인체 독성의 증가와 비타민, 미네랄, 식이섬유 등의 부족을 일으키는 요인 중 하나다. 한편 인공색소와 같은 식품첨가물이 든 인스턴트 가공식품이 주의력 결핍 과잉 행동장애(ADHD)를 유발한다는 연구 결과도 있다. 연구에 따르면 정크푸드에 들어 있는 많은 양의 인공감미료와 인공착색료는 뇌를 손상시킬 위험이 있다고 한다. 아이들의 건강한 성장은 부모의 작은 관심에서 시작된다.

성조숙증의
큰 원인은 잘못된
식생활 습관으로
인한 비만이다.

산야초 효소의 가치
효소테라피의 항암치료 가능성

뜻밖의 소식

5년 전, 갑자기 뜻밖의 소식을 들었다. 평소 존경하고 가족처럼 친하게 지내던 태안군 K이장님의 위암 수술 소식에 그저 당황스럽기만 하였다. 무슨 말을 해야 할지, 어떤 위로를 전해야 할지 먹먹한 마음이 되었다.

K이장님은 굴 양식과 고기잡이로 평생을 정직하게 살아온 장로님이다. 유조선 좌초로 인해 서해안 바닷가가 온통 기름범벅이 되었던 일을 기억할 것이다. 이장님은 그 피해 복구와 보상을 위해 자신의 몸을 돌보지 않고 애쓰시던 중 위암 판정을 받으신 것이다.

정신을 가다듬고 어떻게 도움이 될 수 있겠나 싶어 가지고 있는 효소발효액을 떠올려보다가 아카시재목버섯을 기억해 냈다. 아카시재목버섯에서 유래된 렉틴 성분은 강력한 항암 효과를 발휘하는 것으로 알려져 있다. 항암면역요법제로 그 활용가능성이 연구되고 있는 소재로 이미 충남대학교 산학협력

단에서 특허등록까지 마친 식물이다. 만물이 소유와 관계없이 정해진 능력에 따라 일하고 필요에 따라 쓰이는 법이라는 말을 실감할 수 있었다.

아카시재목버섯의 원액을 거르다 말고 아예 항아리째 싣고 태안 바닷가 K이장님 댁으로 달려갔다. 마을입구 언덕 위에서 보면 좌우로 바다가 한눈에 들어와 해돋이와 해넘이의 아름다운 풍광을 함께 갖추고 있는 곳이지만 그날은 그 모습이 하나도 눈에 들어오지 않았다. 무안해서 눈도 잘 못 맞추고 건성으로 인사를 하는 나를 외려 K이장님 내외가 더 위로해 주신다.

숨 넘기듯 바쁘게 마시는 방법을 설명해 드리고 되돌아서는 발걸음이 왠지 무겁고, 좀 더 어떻게 해드려야 할 것 같은 안타까움이 밀려왔다. 그 후 건강이 차츰 회복되어 간다는 소식을 들을 수 있었다.

그런데 어느 날 아카시재목버섯을 여전히 잘 먹고 있다고 감사인사를 하셔서 나는 깜짝 놀랐다. 아니 얼마 되지 않는 양인데 아직도 남아있냐고 묻자 아껴서 하루 한 스푼씩만 먹는다는 말에 그만 말문이 막혀버렸다. 다가오는 여름 다시 아카시재목버섯 효소를 가지고 방문하였을 때도 예전처럼 밝고 활기넘치는 K이장님을 만날 수 있기를 기대한다.

토종 산나물들의 희망

우리나라 토종 산나물로 발암물질 활성억제 효과를 실험한 결과 취나물을 비롯한 냉이, 곰취, 씀바귀, 잔대순, 쇠비름, 개미취, 민들레, 질경이 등이 발암물질의 활성을 억제하는 것으로 나타났다. 또한 고들빼기, 방가지똥, 부추, 솔거지, 무릇, 개비름, 원추리, 참나물, 달래, 솜대 등도 항암효과가 있다는 것이 실험으로 밝혀졌다. 이 밖에도 항암효과가 있다고 알려진 산야초에는 바위솔, 번행초, 돌나물, 닭의장풀, 짚신나물, 개똥쑥, 꿀풀, 뱀딸기, 까마중, 수염가래꽃, 예덕나무, 참빗살나무 등 50여 가지가 넘게 있다.

산야초 효소는 들과 산지에서 채취한 산나물과 약초를 발효·숙성시켜 만드는 것으로 삼투압에 의한 원액 추출이 완성되는 시점을 판단하여 시기를 놓치지 않고 원액만 걸러 숙성시켜 먹는 것이 좋다. 모든 산야초에는 고유의 약성과 한방적인 치유 기능이 있어 100초(백야초) 등으로 섞어 담게 되면 서로의 약효나 식물 나름의 독성으로 기대하는 만큼의 약성있는 효소발효액을 얻기 어렵다.

맛과 향, 빛깔이 살아있으면서도 부작용이 없는 안전한 효소발효액을 만들기 위해서는 각각 단일소재로 담아 자주 교반하며 삼투압현상이 마무리되는 시점에 소재를 걸러내야 한다. 우리가 이른 봄에 채취하는 어린 상태의 소재는 독성이 없어 나물로 먹을 수 있지만 성장하여 꽃, 열매를 맺거나 뿌리가 성숙한 상태가 되면 독성이 강해져서 식용으로는 사용할 수 없게 된다. 효소발효를 하게 되면 발효 과정에서 산야초마다 가지고 있는 웬만한 독성은 약화시키고 유익한 성분은 향상시켜 우리 인체에 필요한 효소와 함께 약성과 영양소를 함께 섭취할 수 있게 되어 근원적인 자연 치유 능력을 높일 수 있다.

산야초 효소발효액을 활용한 효소치유요법(Enzyme Therapy)은 상당한 시간을 필요로 하지만 신진대사 증진과 함께 신체 전반에 걸쳐 작용하며 체내의 환경을 잘 조화시켜 체력과 자연 치유력을 강화시켜준다. 때문에 근본적인 치유를 생각하며 건강을 도모하는 데는 토종 산야초를 활용한 효소발효액이 매우 유익한 방법이 될 것이다.

식물의 색깔에 담긴 에너지

파이토케미컬

생활주변에도 건강한 먹거리가 많다

파이토케미컬의 중요성을 알게 된 것은 약용식물과 산야초에 대한 공부를 하면서였다. 효소를 만들다 보니 산에 가서 열매나 약초를 볼 때면 효소로 담아보고 싶은 생각이 들었지만 채취하여 쓸 수 있는 식물인지 알 수 없었다. 잎을 담아야 하는지, 뿌리를 담아야 하는지, 또 언제 담는 것이 가장 좋은지 등 각각의 약효와 만드는 시기를 제대로 알고 싶어졌다. 약용식물과 산야초를 공부하면서 "약용식물과 산야초는 전문가적인 지식과 소양이 필요한 것으로, 일반인들이 함부로 채취하거나 사용해서는 안된다."는 사실을 알았다.

　일반인들은 생활 주변의 식물만 활용해도 충분하다. 예를 들어 소화기능 개선을 위한 효소발효액을 담근다면 잘 알지 못하는 특정 약용식물을 어렵게 구하기 보다는 쉽게 구할 수 있는 무에도 충분히 좋은 성분이 많기 때문에 무 효소발효를 강권한다. 그리고 밥상 먹거리를 효소로 만들면서 저자가 주목한 것은 '파이토케미컬' 성분이다.

식물 생리활성 물질

채소나 과일은 저마다의 색깔을 가지고 있다. 빨강, 주황, 노랑, 초록, 보라, 검정 등 색깔이 다른 것처럼 그 효능도 제각각이다. 색깔과 효능은 서로 밀접한 관계를 맺고 있다. 채소나 과일은 모두 자외선으로부터 스스로를 보호한다. 이 과정에서 파이토케미컬이라는 기능성 성분이 생겨난다. 파이토케미컬은 식물 생리활성 물질로 식물에게 있어 일종의 자기보호물질이다. 강한 항산화력을 가지고 있으며, 섭취시 우리 몸속에서 다양한 효능을 발휘한다.

파이토케미컬(Phytochemical)은 그리스어로 식물을 의미하는 '파이토(Phyto)'와 화학물질 '케미컬(Chemical)'의 합성어다. 신체활동에 꼭 필요한 탄수화물, 단백질, 지방, 비타민, 미네랄의 5대 영양소와 함께 제6 영양소인 식이섬유에 이어 제7의 영양소로 주목받고 있다.

파이토케미컬은 채소와 과일에 들어 있는 색소와 고유의 맛, 향 등의 성분이며, 그 가짓수가 무려 1만여 종에 이른다. 극도의 스트레스에 시달리는 현대인에겐 다량의 활성산소가 발생한다. 이는 노화를 촉진하고 생활습관병인 대사증후군과 암 등을 유발하는 원인이 되기도 한다. 채소와 과일은 항산화 물질을 섭취할 수 있는 주요한 수단이 된다.

파이토케미컬 항암치료의 가능성

파이토케미컬 중에서 비교적 잘 알려진 것은 적포도주나 코코아에 들어 있는 폴리페놀류이다. 그밖에 당근에 함유된 베타카로틴 등의 카로티노이드, 마늘이나 파 등의 향기 성분인 황화합물, 허브나 감귤류의 향기나 쓴맛 성분인 테르펜류, 버섯의 베타글루칸 등도 암을 예방하는 효능이 있다고 알려져 있다.

채소와 과일 등 천연식물 기반 식품에 함유된 파이토케미컬이 암 예방에 효과가 있다는 사실을 밝힌 건국대 생명공학과 이기원 교수는 "현재 파이토케미컬 연구는 세계적으로 진행되고 있지만 대다수의 연구는 효능검증 수준에 머물고 있다."면서 "양배추가 위에 좋고 생강이 몸에 좋다는 사실을 넘어 이런 천연물질이 어떤 분자기전과 작용으로 그 기능을 발휘하는지 과학적으로 규명할 수 있어야 한다."고 말했다. 이 교수는 "합성신약 개발에 있어 자본 및 인력이 부족한 우리나라가 임상적으로 효능이 입증된 천연물 연구와 첨단융합기술 결합에 적극 나선다면 글로벌 바이오산업 분야에서 차별화된 경쟁력을 가질 수 있을 것"이라고 전망했다.

대표적인 파이토케미컬 성분을 살펴보면 카로티노이드는 오렌지색, 노란색, 녹황색, 적홍색을 띠는 색소이다. 노화를 방지하고, 심장병이나 뇌졸중의 발병 위험을 줄여주며 주로 토마토, 늙은 호박, 당근, 시금치, 브로콜리 등에 많이 들어 있다.

플라보노이드는 황색을 띠는 색소로 항산화·항암 작용을 하며, 혈관 벽의 플라그 형성을 방지하고 좋은 콜레스테롤을 증가시켜 심장병을 예방해 준다. 양파, 옥수수, 레몬, 딸기, 사과, 녹차, 커피, 포도 등에 많이 들어 있다.

페놀화합물은 혈중 콜레스테롤 수치와 심장병·발암 위험을 낮춰 주며, 현미, 녹차, 커피, 포도, 복숭아, 딸기, 마늘, 시금치 등에 많이 들어 있다.

이소플라본은 유방암을 예방해 주고, 폐경기 증상을 개선시켜 주며, 골다공증을 효과적으로 막아준다. 주로 두부, 된장, 간장, 청국장, 콩나물, 감자, 옥수수, 땅콩, 망고 등에 많이 들어 있다.

알릴화합물은 간암, 유방암, 대장암, 위암을 막아주는 효과가 있으며 마늘, 양파, 부추, 파 등에 많이 들어 있다.

파이토케미컬 성분

카로티노이드
토마토, 늙은 호박, 당근, 시금치, 브로콜리 등

플라보노이드
양파, 옥수수, 레몬, 딸기, 사과, 녹차, 커피, 포도 등

페놀화합물
현미, 녹차, 커피, 포도, 복숭아, 딸기, 마늘, 시금치 등

이소플라본
두부, 된장, 간장, 청국장, 콩나물, 감자, 옥수수, 땅콩, 망고 등

알릴화합물
마늘, 양파, 부추, 파 등

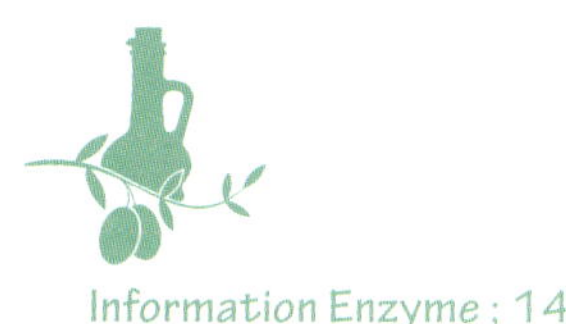

컬러푸드에서 발견한 조상들의 지혜

오색오미와 효소발효 소재

5 A Day 운동

컬러푸드가 건강 먹거리로 많은 이들의 사랑을 받게 된 것은 1989년 미국 캘리포니아 주에서 '5 A Day 운동'을 시작하면서부터이다. 이 운동은 하루 다섯 가지 색의 채소와 과일을 섭취하자는 내용을 담고 있다.

채소나 과일 등에 들어 있는 빨강, 노랑, 초록 등의 색소 성분이 질병 발생률을 크게 감소시킨다는 연구 결과가 차례로 나왔고, 세계보건기구(WHO)의 권장에 따라 이 운동은 미국을 비롯하여 유럽과 일본 등지로 확산됐다.

오색오미의 오리엔탈 파이토케미컬

식품에 함유된 다섯 가지 맛이란 산(酸)의 시고, 고(苦)의 쓰고, 함(鹹)의 짜고, 감(甘)의 달고, 신(辛)의 매운 맛을 말한다.

식물마다 가지고 있는 이 고유한 맛이 인체의 오장육부와 유기적인 상관성을 이루어 약미작용을 하게 된다. 산·고·함의 시고 쓰고 짠 맛은 음(陰)으로 구분하고, 감·신의 단맛과 매운 맛은 양(陽)으로 구분하여 체질에 맞는 식품 섭취와 효소발효 소재 선택에 응용할 수 있다.

즉, 체질이 열성인 사람은 음성의 산·고·함 소재를, 냉한 사람은 주로 양성의 감·신 소재를 선택하는 것이 좋다. 그러나 완전히 음양으로 구분된 식품 섭취를 의미하는 것이 아니라 자신에게 유리한 것을 51%, 상대적으로 덜 유리한 것을 49%의 기준으로 선택해 섭취하면 좋다는 의미이다.

그리고 식품의 오미(五味)는 산수(酸收), 고견(苦堅), 함연(鹹軟), 감완(甘緩), 신산(辛散) 작용을 하게 되는데 그 작용을 구분하면 다음과 같다.

첫째, 음성인 신맛의 산수는 기운을 북돋아 흩어지고 빠져나가는 것을 제자리에 모아주는 작용을 해 간·담의 기능을 돕는다. 오미자, 산수유, 매실, 레몬, 오렌지, 대추, 살구, 귤, 딸기, 포도, 모과, 사과, 앵두, 유자, 파인애플, 자두, 보리, 부추, 깻잎 등이 있다. 삽미의 떫은맛도 신맛의 산수에 해당되므로 땡감, 블루베리 등도 여기에 포함된다. 과식을 하게 되면 췌장과 위에 부담이 되는데, 만약 해를 입은 경우에는 단맛의 식품이 도움이 된다.

둘째, 음성인 쓴맛의 고견은 열과 혈압을 내리고 해독하는 작용을 해 심장과 소장의 기능을 단단하게 한다. 은행, 자몽, 근대, 냉이, 쑥, 씀바귀, 샐러리, 익모초, 취나물, 영지, 더덕, 도라지, 수수 등이 여기에 속한다. 과식을 하게 되면 폐와 대장, 감기에 불리하므로 매운맛의 식품으로 회복한다.

셋째, 음성인 짠맛의 함연은 굳은 것을 부드럽게 하는 작용을 해 신장과 방광의 기능을 도와준다. 하지만 과식을 하게 되면 혈액점도가 높아지면서 혈액순환을 저해하여 심장과 소장에 해가 되므로 과용하지 않도록 하되 해를 입은 경우에는 쓴맛으로 회복시킨다. 서목태, 밤, 해조류(미역·다시마·김·

파래), 곤포, 된장, 두부, 치즈, 마, 망초, 함초, 보리 등이 함연에 속한다.

넷째, 양성인 단맛의 감완은 담백한 맛의 담미를 포함한 것으로, 인체의 기능을 보하며 부드럽게 이완시키는 작용을 해 비장과 위장을 돕는다. 기장, 호박, 감, 대추, 고구마, 갈근, 연근, 마, 맥문동, 인삼, 감초, 두충, 황기, 황정, 구기자, 당귀, 진피, 시금치, 미나리, 우엉, 참외, 꿀, 포도당 등이 여기에 해당된다. 다만 지나치게 달게 먹으면 신장, 방광, 모발과 피부에 손상이 오며, 이럴 경우에는 짠맛으로 회복한다.

다섯째, 양성인 매운맛의 신산은 땀이 나게 하고 차가운 기운을 몰아내며 발열하여 폐와 대장을 돕고 처져있는 기와 혈을 잘 돌게 한다. 관련 식품으로는 무, 양파, 고추, 후추, 울금, 생강, 복숭아, 배, 파, 마늘, 달래, 피망, 배추, 천마, 계피 등이 있다. 과식을 하게 되면 진액을 소모시켜 간장, 담낭, 눈을 지치게 하므로 신맛으로 회복한다.

식약동원

이상과 같은 오미의 약리성을 참고하여 자신의 체질과 용도에 알맞은 소재를 선택해 발효하면 식약동원의 기능성 건강식품으로 자신만의 고유한 명품효소 발효액을 만들 수 있다.

식품으로 생각한다면 발효시켜 오래 둘 필요는 없다.

발효 과정과 기간

식품으로 도움이 되는 것은 틀림없다

산야초는 2~3년 이상 발효시킨 것들이 많이 소개되지만 식품으로 접근한다면 그렇게 장기간 발효시킬 필요가 없다. 내가 섬기는 교회의 부목사님이 전도사 시절부터 호흡기 질환 때문에 가을 환절기만 되면 기침으로 겨울내내 고전하신다는 얘기를 들었다. 그래서 한번은 곰보배추와 수세미 효소발효액을 드렸는데 그걸 드시고 효능에 대해 송구스러울 정도로 칭찬을 하셨다. 효소는 약은 아니지만 식품으로 도움이 되는 것은 틀림이 없다. 필자 역시 한때 감기로 기침을 달고 살다시피 하였으나 언젠가부터 먼 기억이 되어버렸다. 곰보배추의 효능은 마치 임상실험 결과를 얻듯이 수강생들로부터 듣게 된다. 아산의 K여사는 아들이 입맛이 까다로워 아무리 좋은 것을 권해도 잘 먹지 않는데 곰보배추만은 그 효능을 인정해 더 구해 달라고까지 하였다.

식품으로 접근하면 창의력이 열린다

서산에서 식당을 운영하는 K장로님은 효소발효 소재의 건지를 식당메뉴로 개발하기 위해 효소발효 공부를 하셨는데 감자탕집을 개업하시고 밑반찬으로 무건지와 장아찌를 활용하여 지역에서 '인기몰이'를 하고 있다는 소식을 전해 들었다. 수강생 중 대학의 조리학과에 봉직하고 계신 C교수는 앞으로 효소가 비가열식 음식 조리에 응용될 가능성과 필요성을 강조하며 다양한 조리법을 연구하고 있다. 청양에서 호텔을 경영하시는 K여사는 호텔을 새롭게 리모델링하면서 시설의 일부를 효소 테마파크로 바꾸고 체류기간 동안 효소발효체험 프로그램을 통해 효소발효액의 효과를 체험하고 생산과 제조법을 교육받을 수 있는 사계절 특별이벤트 프로그램 운영을 구상 중이다.

청양군 평생학습관과 청양군 농업기술센터의 수강생에게 '청양고추축제'에 이 지역 특산품인 고추를 이용한 고추 효소발효액, 고추조청, 고추캔디, 고추말랭이 등 다양한 식품개발을 제안해 드렸고 이미 수강생들이 '청양명품효소발효연구회'를 조직하여 군과 농업기술센터의 지원을 받으며 효소발효식품연구의 열기를 뜨겁게 달구고 있다. 청원생명축제로 유명한 충북 청원군의 농업기술센터에서는 청원군의 적극적인 지원으로 1년 과정의 청원생명농업대학에 발효가공과 과정을 편성하여 운영하고 있다.

농업기술센터의 수강생 중에는 농사에 종사하는 한편 체험학습 프로그램으로 민박을 경영하시는 분들이 있다. 이 분들께 효소발효체험 프로그램을 제안해 드렸는데 찾는 분들이 좋아하는 것을 실감하고 있다고 한다. 민박을 이용한 체험학습 프로그램에 효소체험을 병행하여 특화시킨다면 신 부가가치 창조와 함께 농가경영의 새로운 활력소가 되어 줄 것이다.

과실자체의 당분을 고려하여
황금비율을 찾아라.

매실의 매질 1:1에 대한 의문

매실 효소발효액의 계량

과실이 성숙하여 변화되는 물리적 · 화학적 · 생리적 변화에 대한 연구는 과
실의 생산과 저장 · 운반 그리고 적정 수확시기를 결정하는 중요한 요인이다.
과실이 성숙하면 당도가 높아지며, 펙틴이 분해되어 연화되는 등 여러 가지
변화가 일어난다. 명품효소발효액 생산을 위한 기준을 갖기 위해 우리나라
가정주부들이 가장 많이 선호하는 매실 효소발효액을 예로 들어 보겠다. 전
통으로 인식하여 민간에 전래하는 효소발효액 담그기와 계량적 근거에 의한
효소발효액 담그기를 비교하면 다음과 같다.

민간 전래 효소발효액 담그기

사용 매질량에 있어서 민간 전래의 효소발효액 담그기는 전통적인 재래 당장

법의 기본인 소재와 매질(설탕)을 1:1로 사용하는 것을 근거로 일반적인 모든 소재에 1:1의 매질량을 사용하였다. 그러나 소재의 특성과 발효과정의 환경(특히 온도)에 따라 사용하는 매질량에 차이를 두어 사용하는 것이 발효에 유리하다. 매질을 적게 사용하여 당도는 낮게 하고 최적온도(20~25℃)를 유지하며 담금 시기와 소재별 특성을 고려한 효소발효액 담그기가 명품효소발효액 생산의 기초이다. 사용 매질량을 매실의 무게 기준 1:1로 사용하면 발효가 늦어지거나 멈추게 되어 효소발효액이라기보다는 매실청이라 불리는 삼투압 추출물을 생산하는 것이 되고 만다. 엄밀한 의미에서 지나치게 많은 매질을 사용하게 되면 효소발효액이 아닌 설탕즙을 만드는 것이다. 이것은 마치 김치를 담글 때 소금을 지나치게 많이 사용하게 되면 김치가 아닌 배추 소금 절임 상태가 되는 것과 같은 이치이다. 매실을 예로 비교하면 다음과 같다.

구분	민간 전래 효소발효액 담그기	계량적 효소발효액 담그기
사용 매질량	소재질량 1 : 설탕량 1 ~ 1.2이상	소재질량 1 : 설탕량 0.68 ~ 0.72
소재 선택	청매(미숙과)	황매(완숙과)
매질 종류	중온당(황설탕) ~ 삼온당(흑설탕)	정백당(백설탕)
발효 방법	밀폐	통험기
원액 분리시기	~ 100일 내외	7일 ~ 10일

유익균의 내당도를 사수하라

과다한 매질 사용으로 발효균이 견딜 수 있는 내당도 이상의 당도가 되면 발효균이 생존할 수 없어 발효가 이루어지지 않게 된다. 발효 과정에 관여하게 되는 자연 상태의 미생물 중, 우리 몸에 유리한 유익균은 해로운 유해균보다 당에 견디는 힘, 즉 내당도가 강해 발효를 주도하게 된다. 그러나 지나치게 많은 양의 매질을 사용하면 내당도가 강한 유익균도 견디지 못해 발효가 정지

된다. 또한 매질을 적게 사용하여 기준당도 이하가 되면 오히려 내당도가 낮은 유해균이 우점화되어 발효과정을 망치며 부패하게 된다.

따라서 전통이라고 전래되어 온 민간의 1:1 매질 사용을 고집하지 말고 적정당도를 얻기 위한 소재별 기준 매질량을 계량하여 발효시키는 것이야말로 명품효소발효액 생산의 비방이라 할 수 있다.

매질(설탕) 선택

매질의 선택에 있어서 정백당(백설탕)과 중온당(황설탕), 삼온당(흑설탕) 가운데 일반적으로 중온당과 삼온당을 많이 사용하고 있으나 중온당과 삼온당 선택의 이유와 근거는 불분명하다. 아마도 유기농 설탕의 색깔과 비슷한 중온당이 정백당보다 좋을 것이라는 막연한 이유에서 비롯된 것 같다. 정제과정을 거치지 않고 생산되는 유기농 설탕의 색깔은 황색으로, 화학비료와 농약을 쓰지 않고 유기농업으로 재배한 사탕수수를 물리적으로 압착하여 즙을 짜내 수분을 증발시켜 얻은 결정체(조당)를 원당이라 한다.

사탕무나 사탕수수에서 추출한 원당에서 맨 처음 정제한 것이 백설탕, 남은 소재를 다시 정제한 것이 황설탕, 세 번째 정제한 것이 흑설탕이다. 따라서 단일 소재 고유의 빛깔과 향을 위해서는 처음 정제한 정백당(백설탕)을 사용하는 것이 좋다.

생즙이냐? 발효액이냐?
분말이냐? 액체냐?
제조공정이 믿을 수 있어야 한다.

신라대학교 식품영양학과 최영주 교수팀의 조사 결과에 따르면, 산야초 발효액을 섭취했을 때 혈관을 튼튼하게 하는 산화질소가 체내에서 많이 생성되는 것으로 나타났다. 또 산야초 단순 추출물(녹즙)과 발효액을 비교했을 때 발효액의 혈전 분해 능력이 훨씬 더 좋았다고 한다. 최영주 교수는 이런 이유에 대해 '효소가 혈관계에 관여하는 생리조절 기능을 활발하게 만들기 때문'이라고 언급했다. 이처럼 생즙보다는 발효액, 분말보다는 액체가 효능이 뛰어난데 무엇보다 중요한 것은 제조공정이다.

당도를 어떻게 확인할 것인가?

현재 유통되는 효소제품의 형태를 알아보자. 산야초 효소는 산나물이나 과실 등을 설탕을 매개로 해 발효한 것으로, 보통 1:1 이상의 과도한 매질을 사용하여 발효가 정지되거나 미약한 발효진행으로 설탕즙에 가까운 것이 많다. 각종 곡물류, 채소, 과일, 해조류를 단순히 말려서 분말로 만든 효소제품도 있다. 식이섬유가 많이 함유되어 있으나 난소화성으로 위산 분비 과다를 일으켜 속쓰림을 유발할 수 있다. 씨앗류의 겉은 효소 억제재 성분을 함유하고 있어 익히지 않고 그냥 섭취할 경우 췌장에 부담을 줄 수 있다. 이런 제품은 효소가 함유된 식품이라고 해도 좋은 효소제재는 아니다. 또한 완전한 소화가 이루어지지 않아 장속에 찌꺼기로 남을 가능성도 있다.

이보다 조금 나은 형태가 있는데, 각종 곡물, 과일, 채소, 해조류를 말려서 분말형태로 만든 후 유산균제재나 프로바이오틱과 혼합한 형태가 바로 그것이다. 소화흡수가 조금 용이하고 효소의 섭취가 증가하지만 완전하지는 않다. 특히 유산균의 경우 장기간 지속적으로 복용하면 위와 장이 나빠지게 되므로 전문가들도 지속적 장복은 피하도록 권고한다.

앞서 살펴본 제품들은 명품효소라고 볼 수 없는 것들이다. 명품효소라고 부를 수 있는 것들은 발효 내지 저분자화 공법을 이용해 효소를 추출해 낸 것이어야 한다. 시중에 판매하고 있는 것들 중에 곡물류나 채소·과일을 발효하거나 저분자화한 것들이 있는데, 이런 종류의 제품도 명품효소라 할 수는 없다.

다만, 효소발효를 통해 만든 효소발효액은 어떤 균주 즉, 자연미생물의 유익균주를 활용했느냐가 발효액의 등급을 결정 짓게 된다. 시중에 판매되는 효소제품을 구입할 때는 그 제조 과정과 공법을 꼼꼼하게 살펴보는 것이 중요하다. 무엇보다 가장 좋은 것은 자신의 손으로 직접 만들어 마시는 것이다. 자연의 좋은 재료에 시간과 정성을 들여 올바른 방법으로 발효시킬 때 비로소 명품효소발효액이 탄생한다. 소재의 특성과 발효과정을 이해하고 담궈야 하며 특용소재의 효소발효액은 전문생산자의 제품을 구입하는 것이 안전하다.

효소는 화학이고, 발효는 과학이다.

발효의 조건들

통기성

발효 방법에서 효소발효에 관여하는 미생물(효모)은 혐기성이나 통기의 환경 조건에서 반응하므로 밀봉하거나 밀폐된 용기에서는 발효 진행이 원만하게 이루어지지 않는다. 밀폐상태에서 매실을 발효시키면 매실 발효액이 아닌 매실청이나 매실 설탕즙을 얻게 된다. 반드시 통기상태에서 진행되어야 명품효소발효액을 생산할 수 있다. 명품효소발효액 생산을 위한 효소발효 과정의 가장 중요한 요소는 적정한 매질량, 발효환경의 온도 그리고 통기성이다.

삼투압과 역삼투압

소재와 추출된 원액의 분리시기를 민간 전래의 방법에서는 100일 또는 그 이상의 기간으로 정하고 있으나 실제 황매실의 효소발효 과정에서는 7~10일이면 매실이 포함하고 있는 약리성과 영양분이 충분히 우러나기 때문에 그 이상 담궈 둘 필요가 없다. 오히려 그 이상 담궈 두게 되면 걸러낼 때 효소발효액의 분리가 곤란할 뿐더러 역삼투압 현상으로 소재가 효소발효액을 다시 흡수할 수 있다. 이럴 경우에는 원액을 분리할 때 착즙하듯이 물리력을 가해 짜내야 하며 분리된 발효액은 혼탁한 빛깔을 띠게 되어 풍미효과를 잃게 된다.

온도와 내열성

온도는 미생물이 자라는 데 있어 중요 요인 중 하나로, 온도가 상승함에 따라 미생물의 대사와 관련된 효소의 활성이 왕성하게 진행되어 생장속도가 가속화된다. 그러나 온도가 더 높아지면 단백질, 핵산 등의 세포 구성 성분들은 오히려 비가역적으로 불활성화되어 결국 미생물이 사멸하게 된다.

미생물의 생육환경 조건은 온도나 ph 등 다른 환경조건에도 영향을 받아 변할 수 있다. 미생물은 각각 생육할 수 있는 특정한 온도 범위를 갖는데 일반적으로 미생물의 생육할 수 있는 온도 범위는 −7∼75℃이며, 대개 미생물의 생육 최적온도는 30∼40℃이다. 대부분의 미생물은 저온에는 강하지만 고온에는 예민하여 열에 의한 사멸속도가 상대적으로 매우 빠르다. 또한 열에 의한 사멸속도는 수분의 유무에 따라서도 달라지는데 습열조건이 건조조건보다 사멸효과가 크게 나타난다. 따라서 40℃ 이상의 고온 환경에 효소발효 과정을 노출시키면 미생물의 대사에 필요한 효소가 활성을 잃고 발효는 중단되며 효소발효액 또한 변질될 수 있다.

경험적 판단에 의하면 20∼25℃를 기준한 상온상태에서 발효가 가장 적합하다. 소재와 원액을 분리한 후, 장기숙성 및 저장을 위한다면 13.5℃의 지하수 온도가 적합하다.

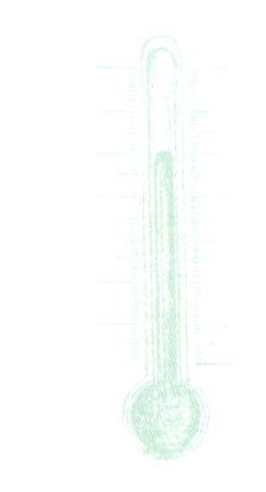

효소열풍과 효소논쟁

피부가 먹기 좋은 효소발효 화장품

효소발효 천연 화장품은 화학 첨가물이 들어 있지 않고, 자연스러운 제조 과정을 거치기 때문에 영양 성분을 그대로 담고 있는 것으로 소개된다. 미생물이 가지고 있는 효소를 이용해 유기물을 분해한 추출물이 주원료가 되며, 이것은 타 성분에 비해 짧은 기간에 피부 탄력, 주름 개선 등의 효과를 볼 수 있는 것으로 알려져 있다. 이러한 효소발효 천연 화장품은 유기물 성분이 빠르게 피부에 침투하기 때문에 피부 속에 있는 노폐물, 오염물질, 찌꺼기, 화학 성분, 중금속, 인공색소, 인공향 등과 같은 나쁜 성분을 피부 표면으로 배출시키게 된다.

몸속이 예뻐지는 다이어트

"효소 한 잔으로 간단하게 식사 한 끼를 때울 수 있고 덤으로 건강까지 챙길 수 있다면 얼마나 좋을까?" 현재 효소다이어트는 몸속이 예뻐지는 다이어트로 소개되고 있다. 효소는 소화·흡수를 돕는 일뿐만 아니라 몸속 노폐물과 독소를 배출해 신진대사를 촉진시키며 면역력을 강화해 몸의 항상성 유지에 도움을 주고 각종 질병을 예방할 수 있는 지름길이다. 그러나 현대인의 특성상 바쁜 업무와 스케줄로 인해서 채소와 과일, 생식 등을 자주 접하기란 쉽지가 않다. 따라서 효소식품을 비타민제처럼 섭취해 주면 건강과 피부 관리에도 큰 도움이 될 수 있다.

효소식품 관계자들은 "사람은 일생 동안 체내에서 생산할 수 있는 효소의 양이 정해져 있는데, 사람의 수명은 신체 내의 효소의 양에 의해 결정된다."면서 "효소 보충! 필요가 아닌 필수"라고 주장한다. 또 "효소는 열에 약하기 때문에 55도 이상의 온도에서는 파괴되니 너무 뜨거운 물이나 차, 국물 등은 함께 섭취하면 안된다."는 주장을 펴고 있다.

과학과 비상식 사이에서

여기에 대한 식품영양학계와 의학계의 반론도 거세다. "식품 속의 효소가 인체 내에 들어와 유용한 기능을 한다는 주장은 난센스"라는 것이다. 일단 몸 안에 들어오면 모두 소화되어 버리기 때문에 효소로서의 기능을 유지할 수 없다는 주장이다. "효소는 분자량이 큰 단백질인데 이것이 제 기능을 유지하려면 원래의 분자량이 유지되어야 한다. 하지만 위장에서 ph 2.0의 강산인 위산에 의해 변성된 뒤 소장을 통과하면서 아미노산으로 분해된다."는 논리다. 즉 효소가 온전하게 장까지 내려가서 효과를 낸다는 주장은 과학적 근거가 없다는 것이다. 효소는 몸에 들어가면 소화되어서 없어진다는 것이 과학의 영역에서는 기초상식인데 과대광고와 이에 따른 판매가 횡행하고 있다는 것이다.

식품영양학계와 의학계의 의견을 종합해보면 인체에서 효소가 부족해지는 것은 '운동부족, 스트레스, 노화 등으로 효소가 만들어지는 조건이 나빠지기 때문'이라면서 "효소가 부족하다고 효소를 식품으로 보충할 수 있다는 생각은 비과학적 사고"로 받아들여지는 분위기이다.

그러나 효소가 몸 안에서 살아남을 수 있다는 옹호론도 과학적 근거에 기반한다. "위액의 산도는 음식과 물에 의해 Ph 2.0이 아니라 5.0까지 올라갈 수 있다."면서 "음식과 같이 섭취하는 경우 산성에 강한 일부 효소는 살아남아 유익한 효과를 발휘할 수도 있다."는 주장이다.

절충적인 의견도 있다. 효과를 낼 수 있는 것은 효소 자체가 아니라 효소의 분해산물이라는 의견이다. 다시 말해 효소 자체가 아닌 발효산물이 몸에 좋을 수 있다는 것이다. 필자는 효소발효액의 꾸준한 복용을 통해 건강을 회복하였고 특별한 약물의 도움이나 체력관리 프로그램 없이 빽빽한 강의 일정을 무리없이 소화해내고 있다. 또한 당뇨 역시 합병증 없이 잘 조절되고 있으며 많은 수강생들이 효소를 식품으로 접근하여 건강을 회복한 다양한 사례들을 직접 경험하고 있다. 아직 명확한 체계를 갖추지 못한 상태이지만 효소는 분명히 우리의 건강에 도움을 주고 있다. 효소발효에 관한 모든 우수성을 배제한다 하더라도 식품으로서의 맛, 그 한 가지만으로도 효소발효액은 충분한 가치가 있다.

효소에 대한 높은 관심과 상업성을 우려해 비판의 소리와 함께 효소 무용론을 말하기도 하지만 효소를 발효식품으로 이용한다면 이론의 여지가 없을 것이다. 효소 발효식품인 김치, 된장을 치료약이나 특정 효소에 목표를 두지 않고 건강하고 맛있는 음식으로 먹는 것처럼 효소발효액 역시 맛있고 유익한 식품으로 이해해야 한다. 집에서 직접 담그는 효소발효액과 일부 상업생산에 의한 분말, 과립 등 다양한 형태의 것과는 출발과정이나 지향하는 바가 다르다는 것을 분명히 구별해야 한다.

효소에 관한
최근의 과학적 연구 결과들
나노과학을 통해 벗겨지는 물질의 신비

최근 만성피로 증후군으로 고생하는 사람들이 많다. 검사 결과 큰 이상은 없지만 스트레스, 먹거리, 알레르기 유발물질, 감염을 통해 생긴 독소 등이 질병의 원인이 된다. 이런 것들이 유전자나 단백질, 대사 변화를 일으켜서 만성 증후군으로 이어지는 것이다. 현대의학으로는 원인을 설명할 수 없는 두통, 어지러움증, 불면증, 만성 소화불량 등 다양한 증상을 호소하는 환자가 늘어나고 있다. 이러한 환자를 단순히 증상억제제인 약물로만 치료하려고 하는 것은 한계가 있다. 결국 증상은 완치되지 않고 시간이 지나면서 먹어야 하는 약의 양은 늘어나며 다른 병으로 진행되는 경우도 많다. 기능의학은 바로 이러한 한계를 극복하려는 노력의 일환이라고 볼 수 있으며, 여기서도 효소가 새롭게 주목받고 있다. 최근 나노 기술의 발달과 함께 2013년 들어 효소에 대한 과학적 연구결과들이 속속 발표되고 있다.

활성화 단백질 인산화효소(AMPK)

경희대 치의학전문대학원 김정목 · 김정희 교수 연구팀이 미국 샌디에이고 연구팀과 함께 연구한 논문이 '셀(Cell)'의 최근 인터넷판에 게재됐다. '세포가 자기 살을 먹는다.'는 뜻의 자가포식은 영양분이 부족하거나 외부에서 미생물이 침입했을 때 세포 스스로 생존을 위해 내부 단백질을 재활용하는 면역 현상을 말한다. 이것은 당뇨와 같은 신진대사성 질환과 면역반응 등의 생리활동에 관여하는 것으로 알려져 있다. 연구팀은 실험을 통해 세포 내 '활성화 단백질 인산화효소(AMPK)'라는 물질이 에너지 결핍을 인지하고 '지질인산화효소 복합체(Vps34 complex)'를 조절해 자가포식을 유도한다는 사실을 규명했다. 김정목 교수는 "생체 내 영양분이 부족할 때 어떻게 자가포식이 시작되는지 원리를 밝혀냄으로써 당뇨 등 다양한 질환의 치료제 개발에 새로운 방향성을 제시했다는 데 의의가 있다."고 설명했다.

카스파제-8(caspase-8)

건국대 의료생명대학 생명공학과 강태봉 교수팀은 이스라엘 와이즈만연구소 연구팀과 함께 인체 세포예정사에 관여하는 것으로 알려진 세포 단백질 '카스파제-8(caspase-8)' 효소가 염증조절복합체의 활성을 제어해 생체 내에서 염증 발생을 억제하는 직접적인 역할을 한다는 사실을 최초로 발견했다. 연구 결과는 세계적 과학저널 '셀(Cell)'이 발간하는 면역학계의 권위지 '이뮤너티(Immunity)' 1월호에 발표됐다. 이 연구는 염증 발생 기전에 있어 새로운 경로를 발견했다는 데 의의가 있다. 앞으로 당뇨병, 암, 알레르기, 염증성 장질환 등 만성 · 급성 염증성 질환의 진단과 질병 제어를 위한 새로운 분자 표적 물질 발굴과 이를 이용한 치료제 개발에 중요한 기초자료가 될 것으로 평가된다.

 내 손으로 직접 담그는 명품효소발효액

필자는 효소발효액의 꾸준한 복용을 통해 건강을 회복하였고

특별한 약물의 도움이나 체력관리 프로그램 없이 빽빽한 강의 일정을 무리없이 소화해내고 있다.

또한 당뇨 역시 합병증 없이 잘 조절되고 있으며

많은 수강생들이 효소를 식품으로 접근하여 건강을 회복한 다양한 사례들을 직접 경험하고 있다.

아직 명확한 체계를 갖추지 못한 상태이지만 효소는 분명히 우리의 건강에 도움을 주고 있다.

소금은 소재와 사용하는 매질(설탕)에 부족한 무기질을 보충함으로써

미생물의 세포 밖에서 이루어지는 효소 생성에 필요한 무기염류를 제공해

효소의 활성상태를 유도한다.

내가 담그는
효소

건강회복을 위해 효소발효액을
담그기 시작했지만, 어느 시점부터
효소발효액을 담그는 것 자체가 즐거워졌다.
시간이 지날수록 처음 담근 것보다
점점 완성도가 높아졌고,
특히 새로운 소재를 발굴하는 재미가 쏠쏠했다.
이제 낯선 곳에 가면 효소 재료부터 찾는다.
이제까지 내가 담궈본 소재를 소개하고자 한다.

소재별 공통
효소발효액
담그는 법

상온상태(20~25℃)를 기준으로 작성된 내용이며
발효 환경에 따라 차이가 있을 수 있다.

담그기

1. 소재 절단 및 세척

세절(작게)할수록 발효과정이 빠르고 왕성하다. 소재의 표면에 흰 분이 서린 것 외에는 모두 물로 세척하여 사용하며 특히 뿌리 부분은 토양미생물에 의한 오염이 없도록 꼼꼼히 세척한 후, 세척한 소재를 채반에 담아 물기를 한숨 흘려 내린 다음 담근다.

2. 발효 용기 계량

발효 중 끓어 넘치는 일이 없도록 소재의 양이 용기의 2/3를 넘지 않게 계량하여 담근다.

3. 발효 용기 관리

용기 주변에 소재 잔존물이나 설탕이 묻지 않도록 청결하게 갈무리하여 초파리가 발생하거나 벌레가 유입되지 않게 한다. 공기가 통하는 통기 상태를 유지하도록 한지를 덮어 고무줄로 묶고 옹기 뚜껑을 닫아 보관한다. 면천(광목)은 한지보다 통기성이 너무 크고 구더기나 곰팡이의 발생 우려가 있기 때문에 한지를 사용하는 것이 유리하다. 효소용으로 사용하는 한지는 내구성과 통기성을 갖춘 순지를 사용하는 것이 좋다.

　발효용기 보관 장소의 기온이 낮아지는 경우에는 변패되지 않으나 고온상태에서는 변질의 우려가 있으므로 뙤약볕이 아닌 통풍이 원활한 그늘에서 발효하는 것이 좋다. 소재를 분리하기 전까지의 삼투압에 의한 원액추출은 상온상태(20~25℃)가 유리하나 소재와 원액을 분리한 이후의 발효는 숙성을 위해 저온상태(15℃)가 유리하다. 그러나 최적 환경이 아닌 일반주택이나 아파트 베란다 등에서는 원액추출과 발효 모두 20~25℃의 상온상태로 진행하여도 풍미효과가 충분한 명품효소발효액을 생산할 수 있다.

4. 소재 담그기와 매질(설탕) 계량

소재를 세척한 상태에서 수분이 포함된 총무게를 기준으로 설탕량을 계량하며 설탕(매질) 비율은 소재의 수분과 당도 및 발효환경, 온도에 따라 설탕(매질) 비율을 달리하여 사용한다. 본문에 황금비율로 소개된 소재와 설탕의 비율은 소재별 평균 수분함량과 당도를 기준으로 계량된 비율을 제시한 것으로 본문의 비율을 사용하면 기준 당도 수준을 크게 벗어나지 않는 정상범위 안에서 발효를 진행할 수 있으며 발효 후, 상온상태에서 변질이나 변패 없이 보관할 수 있는 적정당도가 된다. 용기에 전체 매질량의 80%를 균분하여 살짝 누르듯 달래가며 넣고, 남겨둔 매질 20%를 맨 위에 이불 덮듯이 덮어 준다.

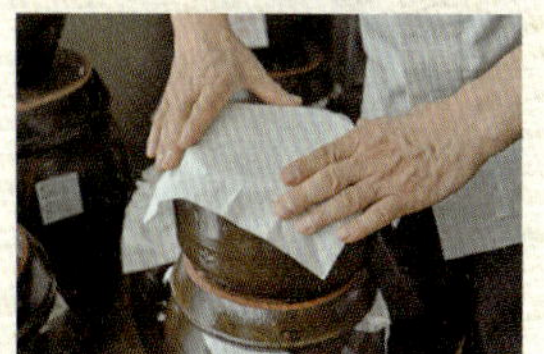
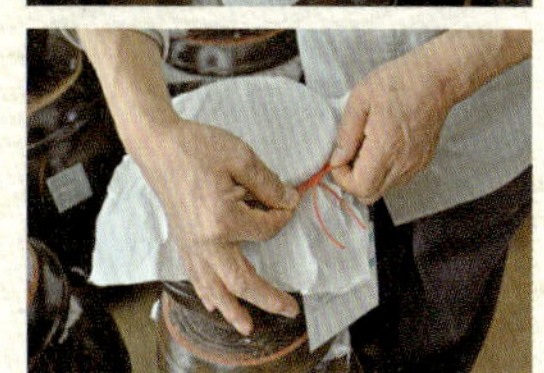

5. 시럽 만들기

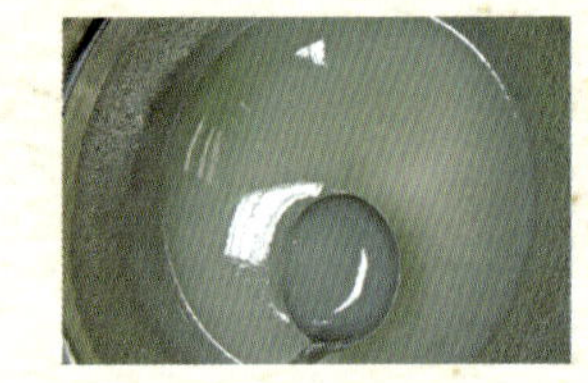

추출액이 적은 소재나 건재를 사용하여 효소발효액을 만들려면 시럽을 사용해야 한다. 시럽에 사용되는 생수 대비 매질의 양은 1 : 0.85로 한다. 계량된 설탕을 계량한 생수에 넣고 녹여 설탕 시럽을 만든다. 이때 물을 끓여 사용하거나 아예 설탕을 넣고 끓여서 사용해서는 안된다. 상온 상태의 생수를 사용하여 한 방향으로 천천히 저어 투명한 물빛이 되면 설탕이 충분히 녹은 것이므로 이때 발효 용기로 옮겨 넣는다. 시럽이 담긴 용기에 발효 소재와 함께 생수 무게 기준 0.1%(생수 1kg에 1g)의 천일염을 계량하여 넣고 소재가 시럽에 잠기도록 휘저어 섞어 준다.

6. 소금 사용

발효를 돕기 위해 소재 무게 대비 0.1% 정도(소재 무게 1Kg에 소금 1g)로 계량한 천일염(조효소)을 설탕 위에 추가한다.

7. 발효 용기 선택

유리병, 세라믹코팅 프라스틱 등 여러 가지가 있으나 원적외선 방사와 축열효과, 통기성을 고려해 볼 때 옹기(항아리)가 가장 좋다. 옹기가 아닌 플라스틱 등 간편 용기를 사용할 때는 통기성 유지를 위해 뚜껑은 닫지 않고 한지만 덮어 묶은 상태에서 발효시킨다.

1. 통혐기 발효

발효에는 항아리(용기)를 사용하는 것이 가장 좋다. 항아리에 소재를 설탕과 함께 담고 한지를 덮은 후에 항아리 뚜껑을 닫아 항아리와 한지의 통기성이 발효를 돕게 한다.

항아리가 아닌 플라스틱 등 간편 용기를 사용할 때에는 한지만 덮고 뚜껑은 닫지 않아 통기상태를 유지한다. 원액분리 이후 효소발효액을 모두 먹을 때까지 이러한 통기 상태를 유지하며 보관한다.

2. 교반

용기내부의 소재가 설탕에 잘 버무려져 삼투와 발효가 잘 이루어지도록 상하좌우로 저어주며 섞는 것을 교반이라고 한다. 초기 교반이 효소발효액의 품질을 결정하게 되므로 설탕이 모두 녹을 때까지 수시로 교반해 주어야 풍미효과를 얻을 수 있다. 특히 용기 밑바닥에 가라앉은 설탕까지 모두 녹을 수 있도록 해야 한다. 담근 당일부터 시기를 놓치지 말고, 설탕이불이 봄눈 녹듯이 성글게 녹기 시작하면 용기 밑바닥에 가라앉은 설탕이 모두 녹을 수 있도록 나무주걱을 이용해 자주 저어 주어야 한다. 교반 시기를 놓치거나 드물게 교반하면 소재의 위치별 당 농도에 차이가 있어 삼투압과 발효에 불리하고, 발효액 위로 떠오른 소재에 뜸팡이(효모균)가 발생하게 되므로 자주 교반하여 발효액에 잠겨 있는 부분과 떠올라 있는 부분을 섞어주며 삼투압과 발효가 골고루 이루어지게 해야 한다. 자주 교반해 주면 삼투압으로 소재에서 우러난 추출액에 설탕이 잘 용해되어 소재와 혼합되며 원활한 발효가 진행되고 전체 원액의 농도가 일정하게 된다. 교반시 물기나 이물질이 묻은 주걱을 사용하면 뜸팡이 발생의 원인이 된다.

3. 소재 떠오름

용기내부의 소재사이로 흘러내린 설탕이 용기 바닥에 가라앉아 있는 상태
에서 천천히 삼투와 발효가 진행되면서 소재가 원액 위로 떠오르게 되는데
이때 자주 교반하여 소재가 원액에 젖어 있도록 해야 한다. 소재가 원액에
젖어 있지 않으면 소재 표면에 곰팡이가 발생하거나 떠오른 소재의 중간 부
분에서 알콜발효 현상 등 이상 발효가 나타난다. 실수로 곰팡이가 발생하였
을 경우 곰팡이 발생 부분을 깨끗이 걷어내고 교반해 주면 다시 정상적으로
발효시킬 수 있다.

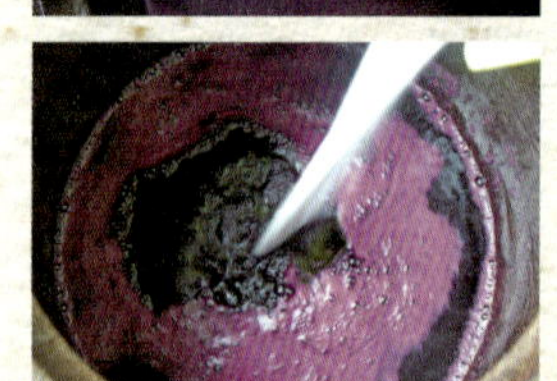

4. 소재와 원액 분리

상온상태(20~25℃)를 기준으로 소재 추출물이 충분히 우러나는 삼투현상
이 완료되는 시기를 판단하여 소재와 원액을 분리해야 한다. 시기를 놓쳐
역삼투압이 일어나면 소재가 발효원액을 다시 흡수하여 추출이 어려워지고
효소발효액이 부족해져 물리적으로 짜내는 과정을 거쳐야 하므로 명품효소
발효액을 얻기 어렵다. 과다한 매질을 사용하거나 원액분리 시기를 늦추게
되면 소재 세포의 원형질분리와 역삼투압이 진행되어 추출된 발효액의 투
명도가 낮아져 소재 고유의 빛깔을 얻기 힘들다. 특히 과일 등의 소재를 사
용할 때 곱고 맑은 색상을 얻으려면 원액분리 시기를 놓치지 않도록 주의해
야 한다. 발효원액을 분리한 이후에도 발효가 계속 진행되면서 발효 거품
이 발생하게 되는데 수시로 교반하면서 걷어 주는 것이 좋다. 발효의 환경
과 온도 등 기타 요인에 따라 조금씩 차이가 있으나 원액 상태에서 더욱 왕
성한 거품과 함께 발효가 진행되므로 통기가 잘 되며 그늘진 서늘한 장소나
시원한 곳에 보관하는 것이 좋다.

5. 건지 처리

원액에서 분리해 낸 건지를 장기 보관하면 소재의 조직이 물러져 활용하기
어려워지므로 목적에 따라 빨리 사용하는 것이 좋다. 당장 활용계획이 없으
면 건조기나 통풍이 양호한 장소에서 건조시켜 정과 또는 주전부리 간식으
로 활용한다. 건지는 용도에 따라 활용하고 원액은 환기가 잘 되는 그늘진
곳에 햇볕이 들지 않도록 두고 발효를 유지한다.

6. 원액분리 후 교반

소재를 분리한 상태에서 더욱 왕성한 거품과 함께 발효가 진행되므로 소재
(건지)를 걸러낸 후, 2~3일간은 원액을 매일 1~2회 교반하여 원액의 발효
진행과 용기내부 전체 원액의 농도가 일정하게 유지되도록 한다. 이후에는
최종 교반일을 기준으로 7일 이내 한 번, 다시 7일 이내 한 번 그리고 14일,
21일, 30일 이내에 한 번 정도 교반하여 용기내의 원액 당도를 일정하게 유
지하고 발효 유지를 위한 용존산소를 공급해 준다. 3개월 정도 지나면 자주
교반하지 않아도 된다.

7. 발효 거품

설탕이 녹으면서 빠른 삼투현상과 함께 발효가 진행되며 거품이 발생한다.
거품은 효소발효에 의한 미생물 증식과정을 나타내는 것으로 정상적인 발
효 진행 과정이다. 원액을 분리한 이후에도 발효가 계속 진행되면서 거품
이 발생하게 되는데 수시로 교반하면서 걷어 주어야 좋다. 발효 중 거품이
넘치지 않도록 주의하며 교반을 하지 않거나 늦게 하게 되면 발효 거품이
산화되어 붉은 색을 띄게 된다. 산화된 거품은 걷어내고 다시 교반하여 상
태를 진정시키면 회복된다. 원액 위로 떠오르는 거품과 섬유소는 고운 채

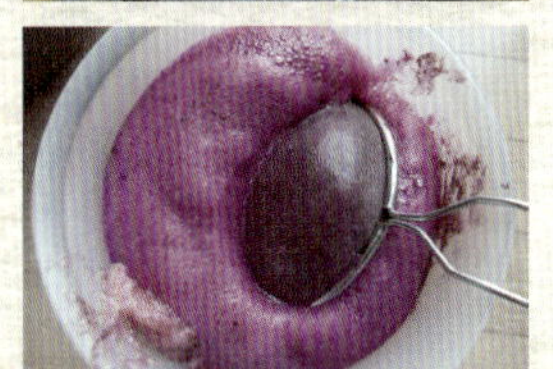

로 걷어내서 원액의 맑은 빛깔을 유지시킨다. 걷어낸 거품과 섬유소는 고추장, 된장 등에 혼합하여 조미료로 사용하거나 소스로 활용할 수 있다. 발효 중 발생하는 거품은 걷어내지 않아도 되나 왕성한 발효로 너무 지나치게 두껍게 형성되면 통기를 위해 교반과정에서 뜰채로 약간 걷어 주어야 발효에 유리하다. 계속 걷어 주면 차츰 거품 입자가 고와지며 엷어지게 된다.

8. 마시기

발효과정에서 이당류의 설탕이 단당인 과당과 포도당으로 대부분 분해되는 3개월 후부터 마실 수 있으며, 음식의 조미료 등으로 활용하는 것은 원액분리 즉시 건지와 원액 모두 사용할 수 있다. 당뇨인이나 기타 당분 흡수에 민감한 사람은 장기숙성된 효소발효액을 마시는 것이 좋지만 과용하지 않는다면 약 3개월 후부터 마실 수 있다. 시간이 지나면서 다소 신맛이 나는 것은 유기산에 의한 것으로 해롭지 않다. 숙성기간이 길어지면 신맛이 줄어들고 소재 고유의 풍미효과를 느낄 수 있다. 약성과 맛, 취향을 고려하여 다른 소재의 효소발효액을 한두 가지 혼합하여 마시는 것이 좋다.

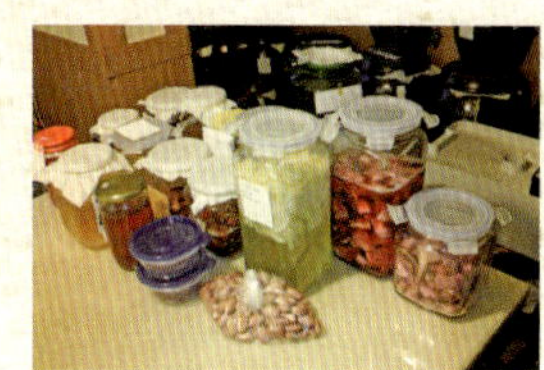

1. 원액의 보관은 상온 상태에서 보관하여도 변질되지 않는다. 발효 진행 여부와 관계없이 밀봉하지 않고 통기상태를 유지하도록 순지(한지)로 덮고 입구를 묶어 보관하거나 뚜껑을 살짝 열어둔 상태로 먼지, 벌레에 오염되지 않게 보관한다.

2. 밀봉 상태로 장시간 이동하면 이동 중 효모가 활성을 가지고 발효가 진행되어 가스의 압력으로 원액이 샴페인처럼 용출될 수 있다. 따라서 이동 과정이나 이동 후에는 끓어 넘치는 현상을 유념해야 한다. 특히 밀봉한 원액을 고온의 차량 내부에 방치하면 자칫 발효액을 담은 용기가 폭발하는 난처한 상황을 겪을 수 있다. 이동 후에는 30분 정도 냉장 상태로 보관하여 활성 상태를 진정시킨 다음 개봉하면 용출 현상(끓어 넘침)을 진정시킬 수 있다.

3. 밀봉 상태로 장기 보관하면 보관 중 발효가 진행되어 변질 또는 폭발할 수 있으므로 발효 또는 숙성 중에도 역시 통기상태로 관리하여야 한다.

4. 활성효소발효액은 1 : 3~1 : 9 정도로 기호에 맞게 이온수가 아닌 생수에 희석하여 마시며 40℃ 이상의 뜨거운 물은 효소를 변질시키므로 사용하지 않는다. 식전 30분, 취침 1시간 전 공복에 마시는 것이 좋고, 기호에 따라 수시로 마실 수 있으나 과용하지 않도록 한다.

5. 보통 성인의 1일 권장 섭취량은 원액을 기준하여 100~120ml 정도로 희석하여 마시며 반응과 기호에 따라 적절히 가감한다.(원액을 직접 마시면 과용하게 되므로 주의해야 한다.)

6. 원액이 물과 섞이면 2차 발효가 진행되어 가스가 발생하므로 마시다 남은 효소발효액은 밀봉하지 말고, 직사광선에 노출되지 않게 상온이나 저온의 그늘에서 통기 상태로 보관한다.

7. 체질에 따라 2~3%의 사람은 마신 후 답답함, 울렁거림, 발진, 설사등의 증상이 나타나는 경우가 있으나 이러한 증상 시에는 마시는 것을 중단하였다가 2~3일후 부터 양을 절반 정도로 줄여서 마신다. 차츰 양을 늘리는 적응기간을 가지면 부작용이나 부담 없이 마실 수 있게 된다.

8. 하루나 이틀 전에 다음날 마실 양을 미리 희석하여 두면 2차 발효가 진행되며 탄산수 효과가 나타나 상쾌한 느낌의 효소발효액을 즐길 수 있다. 처음 음용하는 경우 일시적으로 얼굴이 상기되거나 뱃속이 뜨듯해지는 느낌 때문에 알코올로 오해할 수 있으나 탄산의 작용과 효소에 의해 위장 흡수가 촉진되어 나타나는 현상이므로 곧 회복된다.

9. 소재와 발효환경에 따라 다소간의 차이는 있지만 효소발효액을 담근 후 정상 발효 시작 3개월이면 평균적으로 이당류인 자당(설탕)의 대부분이 단당의 포도당과 과당으로 분해되고 미생물의 증식과정인 1차 발효가 완료된 숙성기간이므로 3개월 후부터는 마실 수 있다.

10. 당뇨인이라도 마시는 데 무리가 없으나 과용하지 않도록 하고 혈당 관리에 꾸준한 관심을 가지고 체크하여야 한다.

11. 발효에 사용한 소재의 약성을 맹신하여 효소발효액을 식품이 아닌 치료약으로 오해하여 오용하거나 남용하지 않도록 한다.

12. 효소발효액을 담그는 것은 소재별로 하되 효소발효액을 마실 때는 두세 가지 발효액을 혼합하여 마시는 것이 식물성 생리활성 물질(파이토케미컬)의 섭취와 이용에 유리하다. 소재별 맛과 향 그리고 빛깔을 감안하여 기호에도 맞고 상승 효과도 낼 수 있는 자신만의 독창성을 발휘한 섞어 마시는 법을 개발하면 좋다.

건지 활용
조청만들기

효소발효 후, 소재 건지를 활용하여 조청을 만들면 건지 처리와 함께 기능성 약용 식소재로 활용할 수 있어 좋다. 효소발효에 사용한 모든 소재의 건지를 활용할 수 있고 제조 과정도 단순하다. 다만 끈기 있게 불 조절을 지켜보고 있어야 실수가 없다. 귀한 약성의 소재는 조청보다는 초산발효를 시켜 식초를 만드는 것이 좋다. 조청을 음식에 사용하면 특별한 맛과 함께 용도에 따라, 식소재에 따라, 각양각색의 효소발효 소재 조청을 활용할 수 있다. 조청 만들기를 살펴보면 먼저 당화를 위해 엿기름을 사용하는 전통적 방법과 달리 효소발효 소재 건지를 이용한 조청생산에서는 이미 효소발효 과정에서 소재와 효소발효액이 당화되어 있기 때문에 엿기름 사용이 불필요하다. 그래도 전통방식을 고수하고 싶다면 엿기름을 생수에 치대 고두밥에 넣고 8시간 가량 삭혀(식혜) 효소액과 함께 달여서(졸여서) 만든다. 그러나 들인 공력에 비해 결과물에는 큰 차이가 없으니 굳이 권장하고 싶지 않은 방법이다. 다만 이런 방법을 사용하면 맥아당에 의해 단맛이 좀 더 깊어지겠지만 이 맛을 구분해 낼 정도로 우리의 미각이 탁월하지 못하기 때문에 건지를 활용한 단순하고 간편한 건지활용 조청 생산방법을 권하고 싶다.

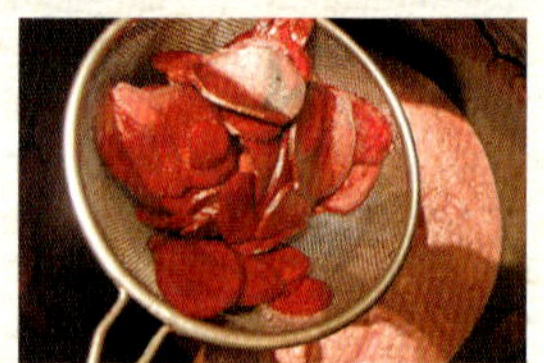

1. 빈 그릇에 건지와 물을 1 : 0.5의 비율로 넣고 건지를 약간 주물러서 건지에 남아 있는 효소발효액을 우려낸다.

2. 우려낸 건지를 소재(건지)1 : 물1.2의 비율로 솥에 함께 넣고 약한 불에 1시간 30분 정도 끓인다.(소재따라 차이가 있다.)

3. 불을 끄고 건지를 건져 삼베나 천, 체 등으로 거른다.(너무 세게 짜면 액이 혼탁해지므로 적당히 거른다.)

4. 우려낸 물과 거른 물을 함께 솥에 넣고 달여 졸이는데 자주 저어서 눌지 않도록 주의한다. 처음에는 센불로 끓이다가(끓어 넘치지 않도록 주의한다.) 어느 정도 끓게 되면 중불로 졸이듯이 끓인다.

5. 솥의 가장자리에 조청이 묻어날 때쯤 되면 약한 불로 줄여서 더 자주 저어주며 진행과정을 살펴야 한다.

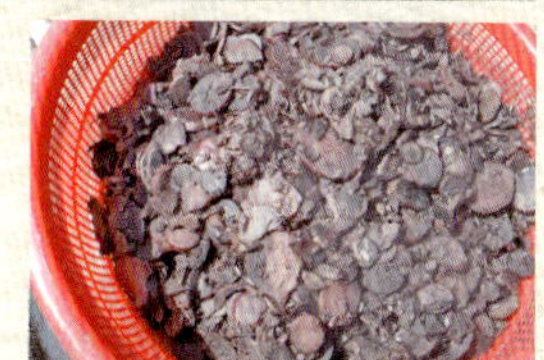

6. 거의 마무리 될 즈음이 되면(옅은 색에서 짙은 색으로 변했을 때) 거품이 일어나게 되는데 이때 찬물이 담긴 컵에 졸인 조청을 한두 방울 떨어뜨려 확산되는 정도로 조청의 농도를 조절한다.(확산이 잘 안 되는 시작점이 적당한 농도이므로 이때를 놓치지 않고 불에서 내려야 한다. 더 졸이면 엿이 되어버리므로 졸이는 도중에 수저로 액을 떠보아 주루룩 흐르는 묽은 점도가 좋다.)

7. 충분히 식혀서 깨끗하게 소독된 입구가 넓은 병에 담아 보관한다. 물이나 이물질이 섞이지 않게 보관하며 고추장 담금, 정과, 각종 반찬, 소스 등에 다양하게 사용할 수 있다.

천연 소화제 뿌리채소,
나복

무: 나복(蘿蔔), Radish

동양 의학에서 나복이라 부르는 무는 예로부터 천연 소화제로 사용되어 왔다. '무 장수는 속병이 없다'는 속담이 있을 정도로 소화와 해독에 뛰어난 채소이다. '본초강목'에도 무 생즙이 소화를 촉진시키고 독을 풀어주며 오장을 이롭게 하고 몸을 가볍게 해 주며 피부를 곱게 만들어 준다고 적혀 있다. 무는 알칼리성 식품으로, 기름진 생선회나 생선조림, 생선구이에 무를 조화시키면 산성식품을 중화하는 훌륭한 조리법이 된다. 무는 탄수화물의 섭취가 많은 우리 식생활에서 신체기관의 항상성 유지를 위한 지혜로운 식습관으로, 건강한 식단을 위해 꼭 필요한 식품이다. 떡을 먹을 때 동치미 국물을 곁들

여 먹는 것이나 메밀국수에 무즙이 함께 나오는 이유, 설렁탕을 먹을 때 깍두기와 함께 먹는 것 등은 식품의 조화와 소화기능 촉진을 위해 무의 효능을 활용한 것이다. 무에 있는 페루오키시타제와 디아스타제 소화효소가 소화를 돕고 위장을 튼튼하게 만들며 해독 효과가 있어 과식, 과음 또는 밀가루 음식으로 인해 속이 거북할 때 도움을 주는 천연 소화제이다. 음주 전후에, 무 효소발효액을 한 잔 마시면 식중독 예방과 소화, 해독, 숙취예방에 매우 탁월한 효능이 있다. 무 효소발효액을 섭취하면 소화기능 개선과 함께 위장이 정돈되고, 인체의 신진대사가 개선되면서 붓기나 나른함이 해소되어 활동력이 회복되는 것을 금방 느낄 수 있다. 가족 중에 소화 기능이 부족하거나 애주가가 있다면 무엇보다 먼저 담궈야 할 효소발효액이다.

효능

미네랄
비타민 B, C군 등의 영양소 풍부

카로틴
체내에서 비타민A로 전환

카탈라제
활성산소 제거

시니글린
소염작용, 감기, 발열에 효과

나이아신
철, 칼슘, 필수 아미노산: 혈액순환 촉진, 노화방지, 피부미용

1 **소화와 흡수를 돕는다.** 과식은 혈액을 끈적끈적하게 오염시키는 원인이다. 먹은 음식을 소화하지 못하는 것으로 끝이 아니라, 연소되지 못한 단백질이나 지질, 당질이 혈액을 오염시킨다. 또한 단백질 분해효소도 함유하고 있어 고기나 생선회를 먹을 때 무즙을 곁들이면 효과적이다.

2 **몸을 따뜻하게 한다.** 최근 냉증 환자들이 늘고 있다. 에어컨 과다사용과 인스턴트, 패스트푸드 등 서양식 식습관이 원인으로 지목된다. 대부분의 채소가 몸을 차게 만드는 데 비해 무는 냉성과 열성을 함께 가지고 있다. 생무는 몸을 식히고 익힌 무는 몸을 따뜻하게 한다.

3 **변비와 대장암을 예방한다.** 무는 혈액을 맑게 해서 혈액순환을 돕고 내장 등 신체기능을 강화시켜 준다. 식이 섬유가 풍부해서 장내 노폐물 청소와 유용세균 기능 향상, 배설 촉진효과가 뛰어나다.

파이토케미컬

무의 성분 중에는 발암물질을 해독하는 식물성 생리활성물질이 세포를 자극하여 인터페론을 생성시켜 식도암, 위암, 자궁경부암 등에 효과적으로 작용한다.

효소발효액 담그기 중, 무 효소발효액 담그기가 가장 기본적이고 활용도가 높다. 따라서 무 효소발효액 담그기 과정을 잘 이해하면 다른 어떤 소재를 사용하더라도 무를 기준으로 이해하고 적용하여 누구나 손쉽게 명품효소발효액을 만들 수 있다.

고르기

1 맛이 달고 물이 많으며 껍질이 얇은 조선무로, 몸통이 고르고, 희고 깨끗하며 무청이 달린 단단한 것이 좋다.

담그기

2 뿌리부분의 흙을 씻어내는 정도로 가볍게 씻어 채반에 담아두고 물기를 흘려버린다.

3 슬라이스, 깍둑 썰기, 채 썰기 등 건지(발효 후 원액과 분리하고 남는 소재) 활용 계획에 맞게 절단하여 담는다.

4 무는 삼투압이 빠르고 발효가 왕성하여 소재인 무와 설탕을 버무리는 과정 없이 용기(항아리)에 무를 먼저 넣고 그 위에 설탕을 붓듯이 쏟아 넣는다. 발효를 돕기 위해 소량의 천일염(조효소)을 설탕 위에 첨가한다.

5 용기 2/3까지 담고 한지로 덮어 고무줄로 묶는다.

강화 순무, 빨간 무 등도 좋은 소재로 일반 무와는 다른 맛과 빛깔, 향을 낸다.

세절(작게)할수록 발효과정이 빠르고 왕성하다.

 황금비율

무의 무게(껍질, 청 포함) X 0.75 = 매질(설탕)량
예) 무 5Kg X 0.75 = 설탕 3.75Kg

상온(20~25℃)에서 5일 정도면 삼투현상으로 필요수액은 충분히 얻을 수 있으므로 소재와 발효액을 분리해야 한다. 시기를 놓치면 역삼투압이 진행되어 효소발효액 추출이 어려워지고 수액 역시 부족해져 명품효소발효액을 얻기 어렵다. 건지는 장아찌 등으로 활용하고 소재(건지)를 걸러낸 원액은 매일 1~2회 교반하여 원액의 원활한 발효진행과 용기내부 전체 원액의 농도가 일정하게 유지되도록 한다.

발효와 마시기

6 소재와 원액 분리: 담금일 기준 5일

7 발효 확인: 담금일 기준 7~10일

맑은 원액이 발효과정에서 다시 우윳빛으로 탁해지는 것은 섬유소가 나타난 것으로 변질이 아니며 숙성과정에서 다시 회복된다.

8 마시기: 담금일 기준 2개월 후

당뇨인이나 기타 당분 흡수에 민감한 사람 외에는 약 2개월 후부터 마실 수 있다. 시간이 지나면서 다소 신맛이 나는 것은 유기산에 의한 것으로 해롭지 않다. 약성과 맛, 취향을 고려하여 고구마, 사과, 고추 등 다른 소재 효소발효액을 한두 가지 혼합하여 마시는 것이 좋다.

🥣 무 건지를 이용한 발효장아찌 만들기

양조간장과 식초를 5 : 2의 비율로 식초간장에 2~3일 재워 건지면 맛있는 발효장아찌를 즐길 수 있다. 기호에 따라 식초간장의 비율과 재우는 기간은 조절할 수 있으며 오래 재워 너무 짜지 않도록 해야 한다. 일반적으로 담그던 장아찌보다 빨리 숙성되고 맛있게 먹을 수 있는 발효장아찌로 남녀노소 누구나 즐길 수 있다. 맛은 물론 소화에도 크게 도움이 되며 입맛을 잃고 소화에 자신이 없는 노약자에게는 더없이 훌륭한 음식으로, 평소 먹던 장아찌와 그 격이 다른 기능성 건강 반찬으로 애용된다. 단맛을 싫어하는 경우에는 건지를 물에 가볍게 헹구어 사용하며 장아찌에 넣은 식초간장을 다시 따라내서 2~3회 정도 끓여 넣어 주어야 변질을 예방할 수 있다. 고추 효소발효 건지를 함께 담거나 고추 효소발효액을 넣어 주면 칼칼하고 시원한 맛을 낼 수 있다.

🥣 무 건지를 활용한 차, 정과, 말랭이, 잼

건지를 말려 살짝 볶아 가루로 만들면 훌륭한 차로 대용할 수 있으며, 말린 그대로는 정과 또는 주전부리용 말랭이로 쓸 수 있다. 또한 건지를 믹서에 물을 약간 넣고 갈아서 끓이면 특별한 맛의 잼을 만들 수 있는데 이때 다른 과일을 함께 섞으면 다양한 색깔과 맛의 독창적인 잼이 된다.

🥣 무 건지 스낵

슬라이스 상태로 효소발효를 시킨 무 건지를 건져 말리면 스낵처럼 별미로 먹을 수 있다. 역시 슬라이스 상태의 고구마나 사과 건지와 함께 먹으면 더욱 좋다. 무와 자색고구마, 사과 순으로 넣어 예쁘게 포장하면 정성이 담긴 선물용으로도 훌륭하다.

tip
건재에 무 효소발효액 이용
수분이 부족한 소재나 건재를 이용하여 담글 경우, 무 효소발효액을 시럽이나 수액으로 사용할 수 있다.

tip
무청과 껍질도 함께
무 효소를 담글 때, 무에 함유되어 있는 비타민C는 껍질 부위에 2배나 더 많이 들어 있으므로 껍질을 버리지 말고 사용해야 한다.

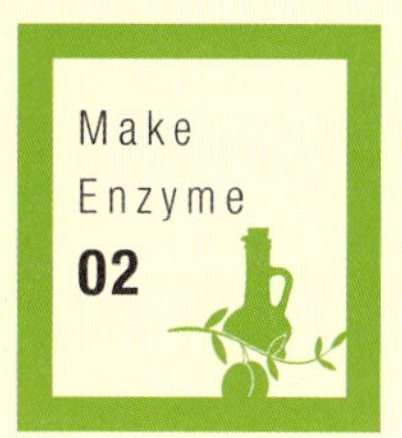

청매냐? 황매냐?

매실(梅實) : Japanese apricot(Prunus mume)

매화나무의 열매인 매실은 알칼리성 식품이지만 신맛이 너무 강해 가공하여 먹을 수밖에 없다. 따라서 효소발효액 등 가공에 따라 장기 저장해 두고 먹을 수 있는 훌륭한 건강식품이다.

소재의 선택에 있어서 청매와 황매를 비교하면 '음력 5월에 노랗게 된 열매로 반드시 씨를 버리고 사용'하라는 옛 기록에서 보듯이 미숙과인 청매보다 완숙과인 황매가 약성이 우수하다. 매실은 함유하고 있는 구연산의 효과로 피로회복과 소화에 유리한 과실인데 청매실보다 황매실의 구연산 함량이 약 14배나 많은 것으로 알려져 있다. 또한 미숙과인 청매의 과육에는 시안화칼륨(청산칼리)이라는 독소가 함유되어 있어 미숙과보다는 완숙 상태의 황매를 소재로 사용하는 것이 효과적이다. 시중에서 판매되는 매실의 대부분은 유통기간이 긴 청매이므로 황매는 특별히 예약 구매해야 하며 청매를 구입해 묵혀두어 황매로 익힌 것은 풍미가 떨어진다. 그러나 과실을 효소발효의 소재로 선택하는 경우 모든 과실을 완숙과로만 사용해야 하는 것은 아니다.

효능

1 **피로회복을 돕는다.** 구연산, 사과산, 호박산 등 유기산이 많이 함유되어 있어 피로회복을 돕는다.
2 **해독과 살균효과가 있다.** 카데킨산이 강한 해독과 함께 살균효과에 탁월하다.
3 **간 기능을 상승시킨다.**

> **⚘카데킨산(catechin acid)**
> 카테킨 성분은 항산화 효과가 비타민E에 비해 무려 50배나 되고, 비타민C에 비해 100배에 달하기 때문에, 체내의 활성 산소를 제거하는 효과가 매우 탁월하다.

파이토케미컬

과실을 약용의 목적으로 사용할 경우에는 완숙과보다는 미숙과가 항산화 활성이 높으므로 성숙되기 전의 미숙과가 유리하며, 효소발효액의 활성상태에서 식용으로 사용할 경우에는 맛과 향, 과색이 충분한 성숙과를 소재로 선택하는 것이 적합하다.

≫ How to Make

효소발효액 소재로 가장 많이 알려진 만큼 담그는 방법이 다양하지만 전통의 방법만 고집하지 말고 계량적 근거에 기준하여 담그면 명품효소발효액의 진가를 누릴 수 있는 소재이다.

tip
영양성분

매실 성분의 85%는 수분, 나머지는 10%의 당분과 5%의 유기산을 함유하고 있다. 유기산 중 시트르산(구연산)의 함량이 다른 과일에 비해 월등히 많아 섭취한 음식물을 에너지로 전환시키는 대사작용을 촉진하고 근육에 누적된 젖산을 분해시켜 피로를 풀어주며 칼슘의 흡수를 촉진한다. 동량의 사과보다 칼슘 4배, 철분 6배, 마그네슘 7배, 아연 5배 이상을 포함하고 있다.

고르기

1 6월 중순에서 7월 초순 사이의 황매가 가장 좋다. 노랗게 익은 직경 약 4cm 정도 크기 이상의 굵은 매실을 선택하고, 깨물었을 때 신맛과 단맛이 어울리는 것으로 한다. 또한 과육이 두껍고 향기가 좋으며 흠이 나지 않은 것으로 고른다. 매실 중에서는 홍매가 단맛이 깊고 열매도 크다.

담그기

2 씻는 과정에서 과육이 뭉개지거나 상처가 나지 않도록 주의하며 물에 담구어 헹구는 정도로 가볍게 씻어 체에 걸러 물기를 흘려 내린다. 쓴맛을 내는 매실 꼭지는 떼어내고 담그는 것이 좋다.

3 항아리에 담은 매실 위에 설탕을 물 붓듯이 넣고 한지를 덮고 뚜껑을 닫아 보관한다.

tip

민간 전래 효소발효액 담그기
소재질량 1 : 설탕량 1~1.2이상
청매(미숙과)
중온당(황설탕)~삼온당(흑설탕)
발효방법: 밀폐
원액분리시기: ~100일 내외

계량적 효소발효액 담그기
소재질량 1 : 0.68~0.72
황매(완숙과)
정백당(백설탕)
발효방법: 통험기
원액분리시기: 7일~10일

황금비율

매실 무게(씨앗 무게 포함) X (0.68~0.72) = 매질(설탕)량

예) 매실 10Kg X 0.68 = 설탕 6.8Kg

* 매실의 완숙정도와 소재별 당도를 감안하여 매질량을 증감한다.

생산된 효소발효액의 맛과 빛깔, 향이 사용된 본래 소재 고유의 맛과 빛깔, 향을 지닌 상태로 발효된 결과를 의미한다.

발효와 마시기

4 소재와 원액 분리: 담금일 기준 7~10일 이내

5 발효 확인: 담금일 기준 3~4일, 삼투압으로 과육의 즙액은 대부분 빠져나가고 대신에 발효과정에서 발생하는 가스만 가득차서 마치 탁구공처럼 원액 위에 떠오른 뒤 점차 수축된다.

6 발효과정에서 소재를 눌러두기 위한 누름돌은 사용하지 않으며 교반 중 팽창된 매실을 터뜨리면 발효액이 탁해지므로 가급적 터지지 않도록 교반한다.

7 마시기: 담금일 기준 3개월 후

숙성기간이 길어지면서 신맛이 줄고 매실 고유의 풍미효과를 느낄 수 있다.

COOK 매실잼, 조청, 장아찌 만들기

소재와 원액을 거르면 씨앗을 제거하여 냉장 보관해 두고 식빵이나 토스트, 크래커에 잼처럼 사용하거나 요구르트에 섞어 먹으면 좋다. 껍질을 같은 양의 물에 끓여 매실 조청을 만들 수 있으며 간장, 고추장, 된장 등에 응용한 장아찌로도 활용한다. 매실 조청 만들기는 씨앗을 분리한 매실 건지를 동량의 물에 한 번 끓인 다음, 건지는 건져내고 체에 거른 액만 다시 졸여서 조청을 만든다. 너무 센 불에서 끓어 넘치지 않도록 불을 살펴가며 졸여야 한다. 매실은 알칼리성 식품이지만 산이 강하기 때문에 치아가 상하기 쉬워 마신 후 양치질을 잊지 말아야 한다. 과용하면 오히려 피부 노화와 근육 소실을 초래할 수 있다.

껍질을 우습게 보지마라,
양파

양파: 양총(洋蔥), onion

껍질이 많은 양파에 비유하여 속을 알 수 없는 사람을 양파 같다고 하는데 양파의 껍질에는 식물 생리활성 물질인 파이토케미컬이 풍부하여 특별한 효능을 가지고 있다. 파이토케미컬의 한 종류인 플라보노이드는 양파의 가식부위인 안쪽보다 껍질부위에 많다. 양파의 대표적 성분인 퀘르세틴은 항산화력이 강한 성분으로, 제일 안쪽 부위보다 다갈색을 내는 껍질부위에 300배나 많이 함유되어 있다. 따라서 효소발효 소재로 양파를 다듬을 때 껍질부위를 버리지 말고 사용하는 것이 바람직하다. 양파는 현대인에게 발병하기 쉬운 성인병 예방에 특효가 있어 '밭에서 기르는 불로초'로도 불린다.

효능

1 지방의 흡수를 억제하고 간장 해독을 돕는다. 퀘르세틴과 캠퍼롤이 지방 흡
수를 억제하고, 글루타티온 유도체는 간장 해독 기능을 돕는다.

2 혈전과 콜레스테롤을 예방한다. 혈전 생성을 억제하고 혈액 중 좋은 콜레스
테롤은 증가시키고 나쁜 콜레스테롤은 감소시켜 혈관을 탄력있게 한다.

3 당뇨 및 합병증을 예방한다. 클루코키닌이 인슐린의 분비를 촉진시키고, 플
라보노이드가 항산화 작용을 한다.

파이토케미컬

파이토케미컬의 한 종류인 플라보노이드의 퀘르세틴을 비롯한 캠퍼롤 등 여
러 약리성분이 항산화, 고혈압, 동맥경화, 심장질환 예방, 갱년기증상 개선,
콜레스테롤 감소, 생리불순, 이뇨, 감기 등에 효과가 있는 필수 식품이다. 특
히 대사 이상으로 생기는 대사증후군에 탁월한 효과가 있다. 알리신을 다량 함
유하고 있어 강력한 항암작용을 하며 혈중 콜레스테롤의 수치를 내려준다.

⇟ How to Make

고르기

1 봄에 출하되는 조생종의 햇양파는 매운맛이 적고 껍질이 부드러우며 싱싱
하다. 만생종은 황색으로 단단하며 잘 건조된 것을 선택하는데 외피가 단단
하고 적황색이며 상처가 없는 것이 좋다. 윗면과 뿌리 부분을 눌러보아 단
단하고 껍질에 광택이 있으며 싹이 나지 않은 것으로 뿌리가 없는 것을 선
택한다. 유기농 무농약 재배의 양파가 단단하고 약리성이 우수하다.

tip
영양성분

양파에는 눈물을 흘리게 만
드는 휘발성의 최루성 물질
이 존재하는데 양파의 세포
속에 최루성 물질로 바뀌는
물질과 그것을 최루성 물질
로 바꾸는 효소가 분리되어
있다가 양파를 썰거나 다지면
세포 내에서 상호 반응하여
최루성 물질로 바뀌게 된다.

tip
플라보노이드(flavonoid)

비타민도 미네랄도 아니며
칼로리도 없으나 우리 몸 안
에서 생성되는 활성산소를
중화시키는 항산화물질로,
노화를 막고 성장기 이후 신
체의 건강 유지를 위해 꼭 필
요한 물질이다.

tip
대사증후군의 특징과 예방

대사증후군의 공통 특징인
복부비만은 체온이 떨어지면
서 체내의 지방과 당이 불완
전 연소되어 고혈당, 고지혈
증과 같은 질환이 나타나며,
복부 피하와 간장 등에 지방
이 쌓여 허리가 굵어지게 된
다. 대사증후군의 예방을 위
해서는 평소 몸을 따뜻하게
하고 과식하지 않는 것이 원
활한 대사기능을 유지하는
기본이다.

껍질 색깔에 따라 흰 양파, 노란 양파, 자주색 양파로 구분한다. 우리나라는 노란색 양파가 대부분이고 일부에서 자주색 양파를 생산하고 있다. 출하시기별로 4월 말부터 수확이 가능한 조생종과 5월 말부터 수확하는 중생종과 만생종이 있다. 최근에는 조생종, 중생종, 만생종 구분 없이 크기도 크고 둥근 모양의 품종으로 상품가치를 높이기 위한 연구 개발이 이루어지고 있다. 상대적으로 크고 둥근 만생종이 작고 납작한 모양의 조생종보다 매운맛이 강하고 저장력이 높으며 당도도 높다.

담그기

2 껍질과 뿌리 부분에 묻은 이물질을 털어내듯이 가볍게 손질하여 뿌리를 잘라내고 껍질부위를 벗겨 가식부를 분리한다. 껍질 부분은 가급적 물에 담궈두지 말고 빨리 씻어 삼베망에 분리하여 넣는다. 가식부위는 적당한 크기로 절단하는데 세절할수록 발효과정이 빠르고 왕성하다.

3 적당한 크기로 절단한 소재를 용기에 넣어 소재와 설탕을 교대로 얹는다. 양파와 설탕을 한꺼번에 버무려 담그면 발효에 유리하나 양파의 발효가 왕성하기 때문에 번거로움을 줄이기 위해 버무리는 과정을 생략해도 무방하다.

황금비율

소재 무게(껍질 포함) X 0.75 = 매질(설탕)량
예) 양파 5Kg X 0.75 = 설탕 3.75Kg

4 소재와 원액 분리: 담금일 기준 7일

5 발효 확인: 담금일 기준 7~10일

6 삼베망에 넣은 껍질은 건져내지 않고 1개월 정도 더 담가 둔다.

7 마시기: 담금일 기준 3개월 후

양파 특유의 냄새로 마시기 불편한 경우 포도, 오미자 등 다른 소재의 효소 발효액과 혼합하여 마시면 약리 효과의 상승작용과 함께 독특한 맛을 즐길 수 있다. 양파 효소발효액과 생토마토를 함께 갈아서 주스처럼 마셔도 좋다.

COOK

양파로 음식에 톡 쏘는 건강을 더하자.

최근 연구에 의하면 양파의 약리 성분은 톡 쏘는 맛과 냄새의 유황화합물로 알려졌다. 양파 건지는 식초간장에 담궈서 장아찌 혹은 고추장, 된장에 버무려 밑반찬으로 활용하거나 각종 요리의 조미료, 소스, 쌈장 등에 응용한다. 양파 건지에 식초간장을 부어 1주일쯤 두면 새콤하며 달콤한 맛과 향의 발효양파 장아찌가 된다. 양파 건지를 소스에 활용할 때 식초 대신 포도 효소발효액을 양파와 섞으면 색깔과 더불어 특별한 향의 소스를 만들 수 있다. 양파 효소발효액을 소스로 활용하여 다른 채소류에 곁들여 먹으면 다른 채소에 들어 있는 비타민B의 흡수까지 높이는 효과를 나타낸다. 양파 건지를 졸여서 양파잼을 만들어 샌드위치나 기타 간식용으로 사용하면 훌륭한 건강식이 된다. 분리하여 담근 양파껍질은 거르고 말려서 양파차로 이용하면 해열, 두통과 숙면에 효과가 있다. 양파의 글루코키닌 성분은 혈당치를 낮춰 당뇨에 효과적인데, 열에는 강하지만 수용성이라서 물이나 식초에 닿으면 바로 녹아버린다. 따라서 양파요리는 국물까지 모두 먹는 것이 좋다.

절대로 없앨 수 없는 풀꽃, 민들레

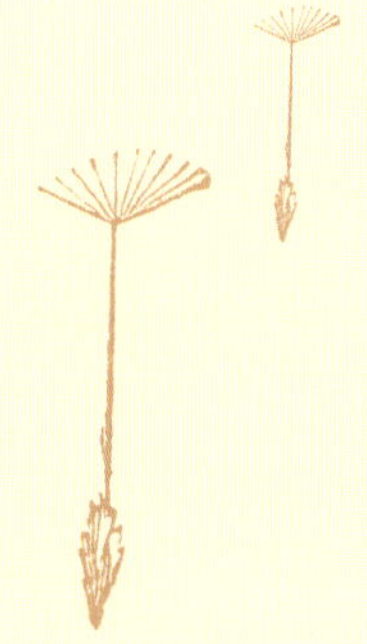

민들레: 포공영(蒲公英), Dandelion

전 세계에 약 400종 이상이 분포되어 있으며 양지바른 곳을 좋아하는 '절대로 없앨 수 없는 잡초'로 소개된다. 끈질긴 생명력을 가지고 병충해의 피해가 거의 없는 식물로 나쁜 생태 환경에서도 잘 자라므로 직접 채취 시, 토종에 집착하기보다는 오염원에 노출되지 않은 청정지역의 소재를 구하는 것이 더 중요하다. 이른 봄 어린잎과 줄기를 캐서 나물로 먹기도 하며 맛은 조금 쓰고 짠맛과 함께 달다. 성분이 차고 독이 없는 약용식물로 해열과 이뇨, 해독, 정혈 등의 작용을 한다. 꽃이 피었을 때 함유 성분이 가장 우수하기 때문에 꽃봉오리를 포함해 전초를 사용한다.

효능

1 **간 기능을 회복시킨다.** 지방간, 간염, 간경화, 담석, 황달을 개선한다.

2 **당뇨와 고혈압 합병증을 예방한다.** 콜레스테롤을 줄이고 혈액을 맑게 하여 당뇨와 고혈압 합병증에 효과적이다.

3 **면역력 강화로 기력을 증진시키고 호흡기를 강화한다.** 관절과 신경통에 효과적이며 갱년기 장애, 골다공증, 기력향상과 남성의 정력강화에 효과가 있다. 과음과 흡연으로 약해진 폐와 간을 튼튼하게 하며 호흡기질환, 천식, 기관지염, 결핵, 이뇨, 해열에 작용한다.

파이토케미컬

민들레에는 플라보노이드의 일종으로 간암세포를 억제하고 이미 생성된 암세포를 제거하는 '실리마린' 성분이 풍부하다. 실리마린은 유해 활성산소가 간세포를 파괴하고, 간세포의 섬유화를 진행시키는 것을 막으며, 활성산소를 제거하는 강력한 항산화 작용을 한다.

⅀ How to Make

고르기

1 청정지역의 소재를 선별 채취하거나 믿을 수 있는 농가에서 재배하는 소재를 구입하는 것이 좋다. 흔한 소재이기 때문에 채취할 때는 특별히 주의가 필요하다. 도로 주변이나 소각장 인근의 것은 각종 중금속에 오염된 것일 수도 있고 농토 주변이나 텃밭의 것도 제초제, 농약 등에 오염된 것일 수도 있으니 반드시 확인이 필요하다.

간에 좋은 민들레

민들레 뿌리에는 간 기능 개선에 탁월한 '콜린(choline)'과 혈당을 조절해 주는 성분인 '이눌린(inulin)', 고혈압 치료제로 쓰이는 '만니톨(mannitol)', 피로회복과 숙취해소에 좋은 '아스파라진(Asparagine)', 간기능 증진과 개선에 탁월한 효과를 보이는 '타우린(taurin)'이 풍부하다.

왕성한 발효

모든 소재가 그렇지만 특히 민들레는 채취하는 즉시 씻어 담그는 것이 좋다. 채취한 자루에 손을 넣으면 뜨겁게 느껴질 정도로 민들레는 발효가 왕성하여 잠깐 사이에 소재가 떠버릴 수 있으므로 오래 방치하지 말고 담궈야 민들레의 약성을 모두 얻을 수 있다.

민들레 효소발효액

잎이나 줄기를 자를 때 나오는 흰 유액은 항균, 항염, 항바이러스, 항암 물질로, 면역력을 증진하는 효과와 아토피 치료에도 도움을 준다. 민들레를 활용한 효소발효액은 음식으로 섭취하는 기능성 건강식품 음료로, 만성 피로에 시달리는 남녀노소 누구에게나 좋다.

민들레와 같은 산야초의 경우는 교반해 주기가 어려운 소재이다. 억지로 무리하게 교반하기 보다는 추출액 위로 떠오른 소재의 한쪽 끝 부분을 눌러주듯이 뒤집어서 소재의 아래와 윗부분이 교대로 추출액과 닿게 하여 위아래를 주걱으로 눌러주면서 액에 잠기게 하는 방법으로 교반해 준다.

담그기

2 전초를 사용하므로 토양미생물에 의한 오염이 없도록 뿌리 부분의 잔류 토양 세척에 유념한다. 전초 그대로 사용하되 너무 큰 것은 양분하는 정도로 잘라서 사용한다. 씻은 후 채반에 건져 물기가 한숨 빠지는 정도에서 사용한다.

황금비율

씻은 민들레의 무게(약간의 수분이 포함된 상태) X 0.8 = 매질(설탕)량
예) 민들레 5Kg X 0.8 = 설탕 4Kg

발효와 마시기

3 소재와 원액분리: 담금일 기준 10~14일

민들레의 약성이 충분히 우러날 수 있는 삼투시간을 감안하여 산야초 소재의 일반적인 원액분리 시기인 7~10일보다 3~4일 늦게 분리한다.

4 발효 확인: 담금일 기준 5~7일

5 마시기: 담금일 기준 3개월 후

🥣 입맛 돋우는 웰빙 샐러드

민들레는 웰빙식으로 활력을 돋우는 스태미나 식품이다. 새싹과 여린 잎은 입맛을 돋우어 주는 나물로 무치거나 샐러드 등 여러가지 요리 소재로 다양하게 사용할 수 있다. 이른 봄이나 가을에 채취한 뿌리를 스티로폼 상자 같은 곳에 밀식하거나 신문지 등으로 감싸 빛을 차단한 상태에서 콩나물 기르듯이 싹을 틔우면 하얀 새싹은 쓴맛이 없고 약리성과 함께 향기가 독특해 샐러드 요리의 특별한 소재가 된다.

🥣 민들레 커피

민들레는 매우 쓴 맛을 지녔기 때문에 '고채'라고도 부른다. 꽃이 핀 직후에 뿌리까지 뽑아서 흙을 깨끗이 털어 버리고 실하고 단단한 뿌리 부분만 선택하여 물에 씻어 햇볕이나 건조기에 말린다. 그런 다음 후라이팬에 볶아서 가루로 만들어 원두커피 대용으로 사용하면 무카페인의 우수한 약성을 함유한 '민들레 커피'가 된다.

🥣 민들레 음식

민들레는 밥, 샐러드, 차, 쌈, 된장국 등으로 애용되어 간을 튼튼하게 해 주는 한편 정력증진의 강장제로, 피를 맑게 하고 순한 이뇨제로 사용되어 왔다. 걸러낸 민들레 건지를 된장이나 고추장에 버무려 두었다가 장아찌 또는 김치로 담가 먹기도 하며 건지1 : 소주1.5의 비율로 소주에 열흘 정도 담가 두면 담황색의 효소발효를 이용한 강장제 효소약주가 된다. 가루 옷을 입혀 튀겨 먹어도 일품요리로 손색이 없으며 건지를 달여 기능성 조청을 만들거나 환이나 캔디를 만들 수도 있다. 민들레는 차가운 성질의 소재로, 손발이 차고 설사를 자주하는 사람에게는 더욱 몸을 차게 할 수 있기 때문에 과용하거나 장복하는 것은 삼가해야 한다.

TV출연으로 스타가 된
흔한 잡풀, 설견초

곰보배추: 설견초(雪見草)

곰보배추는 흔한 잡풀이었다. 맛은 약간 맵고 쓰고 비리지만 무독하고 장복하여도 중독성이나 부작용이 없는 식물이다. 살균효과와 함께 기침을 멎게 하고 가래를 삭이는 탁월한 약리성을 가지고 있다. 곰보배추는 청와초, 마마초, 야저채, 과동청, 수양이, 천명정, 동생초 또는 설견초라고 불리며 논밭과 온 들판을 덮고 있으나 채소나 나물, 가축사료, 거름으로 조차도 쓰이지 않던 풀이었다. 일반인들에게는 잘 알려지지 않은 풀이었으나 KBS 생로병사의 비밀 406회에 소개되면서 많은 사람들의 주목을 받기 시작하였다. 구전으로만 전해져 오던 약성에 대해 임상학적으로 검증을 거친 약초는 아니지만 만병초라는 이름을 갖게 될 정도로 많은 사람들이 체험에 의한 효능을 인정하고 있다. 산삼이나 녹용, 웅담, 우황에 견줄 만큼 좋은 약초로 천식, 해수 등 어떠한 기침이든지 멈추게 하는 천하 제일의 선약으로 꼽는다. 그러나 곰보배추 역시 치료약으로 이해하기보다는 일상의 음식물로 이해하고 곰보배추가 가지고 있는 특별한 식물성 물질을 효소발효 음료로 섭취한다는 생각이 올바른 접근 방법이다.

효능

1 기관지 질환을 다스린다. 폐 관련 질환, 천식, 기침 등에 효과가 있다.

2 부인병에 효과가 있다. 냉증, 생리통, 자궁질환 등 여성질환에 좋다.

3 염증을 완화한다. 항염효과로 각종 염증과 종기 치료에 도움을 준다.

❧천식
천식이나 기침은 완치가 어려운 난치병이지만 곰보배추가 기관지 계통의 질환에 효능을 나타낸다.

파이토케미컬

플라보노이드, 페놀 등 다양한 식물성 영양 물질을 함유하고 있으며 기타 미증유의 생리활성 물질과 독특한 약리성분이 함께 포함되어 있다.

고르기

1 농약이나 제초제에 노출되지 않은 지역의 것을 봄과 가을에 각각 채취할 수 있으나 겨울을 지내며 약성이 뿌리로 내려가기 때문에 봄에 전초를 채취하여 사용하는 것이 좋다. 일부 농가에서 농한기를 이용하여 무농약으로 재배

영양성분

최근에 일반에 알려지기 시작한 곰보배추에는 플라보노이드, 호모플란타기미닌, 히스피둘린, 에우카포놀린, 에우카포놀린-7-글루코시드 등이 들어 있는 것으로 소개되고 있다. 그 밖에 페놀성 물질, 정유성분, 사포닌, 강심배당체, 불포화지방산 등을 함유하고 있으며 씨앗에 기름이 많다.

곰보배추의 다양한 효능

목이 붓고 아픈 데, 편도선염, 감기옹종, 치질, 자궁염, 생리불순, 냉증, 타박상, 탁하고 뿌연 소변에 배뇨가 불리하고 소변 통제가 안 되며 전립선비대증과 발기부전을 수반하는 질환에도 좋은 효과가 있다.

하는 곳도 많이 있으니 구입하여 쓰면 좋다.

2 뿌리와 잎을 분리해서 씻는 것이 쉽지만 건지를 활용하기 위해서는 분리하지 말고 그대로 씻는 것이 좋다. 생명력이 강해, 채취할 때는 시든 것 같아도 씻는 과정에서 물과 닿으면 금방 싱싱해진다. 뿌리에 붙은 토양을 세밀하게 씻어서 토양미생물에 의한 오염이 없도록 한다.

3 곰보배추의 무게 계량은 채취당시의 무게가 아닌 씻는 과정을 거친 후, 물기가 남아있는 상태에서 계량한다.

황금비율

채취시기에 따라 전초 중 뿌리 부분이 많은 경우 0.75,
잎이 많이 올라온 경우 0.80을 사용한다.
예) 2월 중 채취하여 뿌리 부분이 많은 경우: 소재 5Kg X 0.75 = 설탕 3.75Kg
  3월 이후 무성하게 잎이 돋은 경우: 소재 5Kg X 0.80 = 설탕 4.0Kg

발효와 마시기

4 교반: 전초를 다 사용한 곰보배추는 교반이 어려우므로 소재의 상하를 한 번 뒤집어 주고 소재가 수액에 잠기도록 몇 번 눌러주는 방법으로 교반한다.

5 소재와 원액분리: 담금일 기준 14일

6 발효 확인: 담금일 기준 3~4일

7 마시기: 담금일 기준 3개월 후

곰보배추 특유의 향과 맑고 투명한 원액의 맛과 효능을 느낄 수 있다. 곰보배추를 기본소재로 삼아 필요 약재를 더하여 발효함으로써 다양한 효과를 기대할 수 있으나 효소발효액을 담글 때는 가급적 단일소재만을 선택하여 발효시키고 마실 때 필요한 효능의 효소발효액을 혼합하여 마시는 것이 좋다. 특히 소재의 색깔을 다양하게 섭취하는 것이 체내흡수와 활성을 유지하는 효과를 극대화 시킬 수 있다.

곰보배추 효소발효액은 풍미보다는 약성을 얻기 위해서 담그는 소재로 상태에 따라 추출액이 부족할 수 있으므로 소재 무게의 20% 범위 안에서 시럽을 만들어 넣는 것이 좋다.

시럽 사용시 매질 계량

시럽을 만들어 넣을 때 소재와 시럽용 생수의 매질을 달리 계량한다. 생수 무게 X 0.85의 설탕 시럽을 별도로 만들어 먼저 넣은 후, 황금비율로 계량하여 설탕에 버무린 소재를 넣는다.

COOK

곰보배추 막걸리, 김치, 장아찌

곰보배추 건지를 진하게 달여 고두밥에 누룩과 함께 넣고 발효가스가 빠질 정도로만 밀봉시킨다. 이 상태로 2~3일 삭혀 알코올발효를 진행시키고, 5~7일 후에 거르면 기침에 좋은 기능성 곰보배추 막걸리를 맛볼 수 있다. 아울러 곰보배추 식혜(감주)로도 활용할 수 있다.

곰보배추 건지를 활용한 김치는 단맛을 줄이기 위해 무와 고추를 듬뿍 넣어 발효시켜 먹을 수 있다. 곰보배추 건지를 건조시켜 차 대용으로 마실 수 있으며 분말 된장에 버무리거나 고추장에 버무려 장아찌로 활용하면 일미이다.

항암효과를 기대한다면
껍질과 씨까지, 포도

포도(葡萄) : grape

포도는 알칼리성 식품으로 육체의 재생력과 정화력을 높이는 효소를 다량 함유하고 있다. 포도당, 비타민이 풍부해 건강 기능성이 우수한 매력적인 과일로 소화기능을 북돋우고 여성미용에도 효험이 있다.

동의보감에 포도열매는 '배고픔을 달래고 기운이 나게 하며, 추위를 타지 않게 하고 이뇨작용이 있어 오줌을 잘 나오게 한다. 또한 기혈과 근골을 보강하고 비위와 폐신을 보하여 몸을 든든하게 하며 태아를 편안하게 하고 포도씨앗은 암 예방에 효력이 있다.'고 기록하고 있다.

효능

1 씨를 활용하면 항암효과와 성인병 예방효과가 탁월하다. 레스베라톨이 100g 당 포도껍질에는 2.02~2.98㎎, 포도씨에는 1.62~3.96㎎, 포도송이 가지에 는 26.54~52.10㎎이 함유되어 있다.

✽씨 없는 포도

포도 껍질과 씨에 함유된 폴리페놀은 활성산소의 피해로부터 몸을 지켜주는 항산화 작용으로 동맥경화나 노화 방지에 뛰어난 역할을 한다. 과육보다는 껍질, 껍질보다는 종자에 유익한 물질을 더 많이 함유하고 있기 때문에 씨와 껍질을 모두 먹을 수 있는 포도가 건강에 유리한 품종이다. 그런데 시장에서 판매되고 있는 씨 없는 포도들 은 종자 형성 억제 및 과실 비대 관련 성장촉진 호르몬을 인위적으로 처리한 품종으로 당도와 식감만을 높인 상 대적으로 덜 유익한 품종이다.

2 혈액을 맑고 풍부하게 한다. 철분 함량이 많아 조혈 작용과 빈혈을 예방하 고 플라보노이드 성분이 혈전생성을 억제하여 심장병을 예방한다.

3 알칼리성 식품으로 체질 개선과 부인병을 예방한다. 칼륨의 이뇨작용으로 나트륨 흡수를 줄여주며 골다공증 예방 및 갱년기 여성 건강에 좋다.

파이토케미컬

2009년 경상북도 보건환경연구원은 지역에서 생산되는 머루포도와 캠벨종포 도의 성분함량을 조사한 결과, '레스베라톨'과 '폴리페놀' 성분이 포도송이 가 지와 껍질, 씨 등에서 주로 검출됐다고 발표했다. 레스베라톨과 폴리페놀은 항산화 물질로 항암작용을 하며 혈중 콜레스테롤 수치를 떨어뜨리고 노화, 비만, 당뇨 등의 질환 예방에 효과가 큰 식물성 생리활성 물질이다.

영양성분

전화당, 주석산, 타산, 타닌, 포도산, 유산, 초석, 칼슘, 유 산가리, 인산가리 및 철분, 비타민 A, B, B₁, C, D 등이 풍부하며 폴리페놀의 일종인 안토시아닌을 함유하고 있다.

생과보다 효소발효액이 좋은 이유

과도한 조리로 효소가 파괴 된 음식보다는 생과와 같이 신선식품을 섭취하는 것이 식품에 함유된 효소의 기능 을 식품소화에 활용할 수 있 어 더 좋다. 하지만 인체 소 화기관의 능력은 섭취한 식 품의 20~30% 정도만 소 화·흡수할 수 있으며 나머 지는 배설하게 되는데 발효 시켜 섭취하게 되면 식물의 자기 방어 물질을 비롯하여, 인체에 유익한 미생물과 증 대된 양질의 활성효소를 포 함하여 영양소의 70~80%를 소화·흡수할 수 있다.

고르기

1 포도를 고를 때는 껍질색이 짙은 검은색이 좋고 포도송이가 너무 크지 않은 것으로 포도알이 꽉 차있는 것보다는 적당히 차있는 것이 좋다. 포도알맹이의 껍질 표면에 흰 분이 고루 많이 서려 있는 것이 좋은 포도이다. 포도송이가 지나치게 크고 포도알이 너무 많이 붙어 있으면 송이 속에 덜 익은 포도알이 있을 수 있으며 송이에서 포도알이 쉽게 떨어지거나 포도알을 살며시 눌러 보았을 때 탱탱한 느낌이 들지 않으면 수확한지 오래된 것이다. 포도송이의 윗부분이 달고 아랫부분은 신맛이 나므로 아랫부분의 포도알이 달다면 잘 익은 포도이다. 가능한 무농약 재배 포도를 사용하는 것이 가장 좋지만 일반 재배 농가에서도 맹독성 농약은 사용하지 않으므로 천연 식초물에 20~30분 정도 잠깐 담가두면 된다.

담그기

2 포도송이째 씻어서 채반에 건져 물기를 뺀 후, 큰 그릇을 준비해 포도송이의 포도알을 주물러 터뜨린다. 포도알을 모두 주물러 터뜨려야 발효과정이 빠르고 왕성하다.

3 뿌리, 덩굴, 잎 모두를 약용으로 사용할 수 있으나 보통 효소발효에는 포도열매만 활용한다. 무농약 자연농법으로 재배한 소재라면 포도알을 분리하고 남은 송이가지를 잘라 삼베주머니에 넣어 함께 발효시키면 송이가지에 함유된 레스베라톨도 얻을 수 있다.

4 알알이 주물러 터뜨린 포도를 한꺼번에 항아리에 넣고 계량된 설탕을 붓듯이 넣어 포도와 설탕이 잘 섞이도록 교반해 준다.

 황금비율

포도의 무게(껍질, 씨 포함) X 0.60~0.62 = 매질(설탕)량

예) 포도 5Kg X 0.62 = 설탕 3.1Kg

발효와 마시기

5 포도의 발효는 담근 다음날부터 시작되며 발효환경의 온도 등 기타 요인에 따라 더 빨리 일어날 수도 있다. 건지를 거른 후의 원액 상태에서 더욱 왕성한 거품과 함께 발효가 진행된다.

6 상온(20~25℃)에서 5일 정도면 삼투현상으로 포도알이 껍질부분만 남고 수액은 모두 탈수된 상태로 당도가 대략 48브릭스(Brix) 정도이다.

7 소재와 원액 분리: 담금일 기준 7일

포도 효소발효액만 남기고 포도 건지와 송이가지를 걸러낸다. 포도 건지는 잼, 조청 등으로 활용하고 송이가지는 버린다.

8 발효 확인: 담금일 기준 1~2일

9 마시기: 담금일 기준 3개월 후

당뇨나 기타 당분 흡수에 민감한 사람도 과용하지 않으면 혈당 상승에 영향을 받지 않고 마시기가 가능하다. 포도 출하 계절인 8~9월에 효소발효액을 담그면 한 계절을 건너서 즉, 가을이 지나고 대략 겨울의 시작에 해당하는 첫눈 내리는 날부터 마시는 것이 적절한 시기이다.

COOK

포도 건지 활용: 샤베트, 주스, 잼, 쌈장, 장아찌, 조미료

포도는 알칼리성 식품이므로 산성 식품과 함께 먹으면 산성을 중화시키는 작용을 한다. 포도 건지를 사용할 때도 씨의 유용성분 섭취를 위해 함께 사용하는 것이 좋다. 건지를 냉동실에 얼려두었다가 건지와 약간의 얼음을 믹서기에 넣고 간 다음 효소 원액을 약간 넣어 함께 섞으면 간단하게 맛있는 기능성 샤베트를 만들 수 있다. 식사대용으로 포도 건지와 효소액 그리고 비트, 당근, 무, 단호박 같은 재료를 섞어 먹으면 한끼 건강 식사로 부족함이 없다. 건지와 고춧가루, 된장, 마늘을 믹서기에 갈아서 쌈장으로 사용할 수 있으며, 고추장과 버무려 장아찌로도 먹을 수 있고, 떡볶이 등에 조미 소재로도 활용이 가능하다. 그밖에도 건지를 그대로 갈아서 잼으로 대용할 수 있으며 쿠키, 머핀, 빵, 떡, 조청, 리큐르(Liqueur), 식초 소재로 다양하게 이용할 수 있다.

지중해에서 온 명아주과의
호냉성 채소, 비트

비트: Beet

비트는 명아주과의 붉다는 라틴어 bette에서 유래한 이름으로 남부 유럽의 지중해 연안이 원산지로 알려져 있다. 이미 기원전 10세기경부터 야생종을 경작하여 약용으로 사용하였으며 17~18세기에 이르러서는 일반 농가에서도 보편적으로 재배하기 시작한 작물이다. 뿌리의 표피와 내부가 선명한 붉은 색을 나타내 샐러드용 작물로 많이 쓰이며, 잎은 옅은 녹색에서 붉은 색이 감도는 녹색으로, 발효시키면 역시 붉은 색의 효소발효액을 얻을 수 있다. 잎, 줄기, 뿌리 전초를 모두 사용하며 특별히 간 기능 개선과 회복에 탁월한 효능이 있어 간질환이 있는 이들에게는 매우 유용한 식품으로 효소발효를 통해 섭취

하면 더욱 유리하다. 비트는 간 조직 복구 효과와 지방간을 비롯한 간암, 대장암의 치료효능이 확인되고 있으며 각종 화학적 독소로 인한 위암, 간암, 대장암 발생을 예방한다. 비트 수액 성분의 약 8%인 염소는 간장, 신장, 담낭을 깨끗하게 하고 림프 기능을 원활하게 하며 간장 정화 작용을 촉진시켜 간질환의 빠른 회복을 돕는다. 호냉성 채소인 비트는 서늘한 기후를 좋아하고 내한성이 강해 생육 최적온도가 13~18℃이다. 우리나라에서는 지역에 따라 재배 작형이 다르지만 토양온도가 9℃ 이상만 되면 파종할 수 있어 겨울을 제외한 봄, 여름, 가을에 걸쳐 재배되고 제주도는 초겨울에 수확한다.

효능

1 **우울증 예방과 갱년기 장애 완화에 좋다.** 철분과 비타민이 많아 정혈 및 보혈에 효과가 있으며, 비타민 A, B_1, B_2, C가 풍부하여 여성호르몬 생성과 신경예민 증상을 완화시켜 우울증 예방과 갱년기 장애에 좋다.

2 **간세포의 재생과 회복 및 간장 정화 작용을 한다.**

3 **항암, 항산화 작용을 한다.** 황과 함께 베타인 색소가 항암, 항산화, 항스트레스, 노화지연 작용을 한다.

파이토케미컬

비트가 가지고 있는 베타인 색소는 항암작용 물질로, 비트에 함유된 황과 함께 발암물질인 아질산염을 소거하여 효과적으로 종양을 예방하고 치료하는 데 큰 도움이 된다. 콩, 토마토보다 8배 우수한 항산화 효과를 가지며 활성산소를 제거하고 함유된 질산염 성분은 혈압강하 작용을 한다.

영양성분

당분함량이 높은 생비트는 수분 86.4%, 지질 0.1%, 당질 9.1%, 염소 8%, 섬유소 0.8%, 회분 1.4%, 단백질, 비타민 A, B_1, B_2, C 이외에도 리보플라빈, 철분이 들어있고 염소, 칼륨, 나트륨, 칼슘, 인을 함유하고 있으며 잎과 줄기에도 미네랄 등의 성분이 포함되어 있다.

고르기

1 재배시기에 따라 봄재배, 여름재배, 가을재배로 구분하는데 서늘한 기후를 좋아하는 호냉성 채소이므로 가을에 재배되어 수확한 것이 좋다. 제주도는 기후가 유리하여 봄과 가을 두 번 생산한다. 유통과정에서 건조되어 쭈글 거리는 소재는 씻는 과정에서 잠시 물에 담가 회복시켜 사용해야 한다. 일 반 시장이나 마트에서 구입하는 경우 뿌리만 판매하지만 생산자와 직접 거 래할 때는 잎과 줄기가 달린 채로 함께 구입할 수 있다.

담그기

2 뿌리와 줄기, 잎을 분리하여 씻어 잎과 줄기를 따로 담는다. 잎과 줄기는 씻은 후, 각각 잘게 썰어 설탕에 버무리는데 줄기 부분만 세절한 것은 따로 설탕에 버무려 삼베포에 넣어 잎과 함께 담근다.

3 뿌리를 씻을 때 흙을 잘 닦아내고 물기가 사라진 정도에서 크기와 용도에 따라 자른다. 무의 경우처럼 잘라서 사용하는 것이 가장 쉬운 방법이지만 얇게 슬라이스로 자르거나 모양을 고려하여 자르면 소재를 거른 후, 특별 한 용도의 식소재로 활용할 수 있다.

4 계량된 설탕의 80%만 설탕이불이 되도록 소재 위에 붓듯이 넣어 주고, 남 겨둔 설탕 20%는 소재와 원액을 분리한 다음, 설탕을 보충하는 방식으로 넣어 준다.

설탕 보충

남겨둔 설탕 20%를 소재와 원액을 분리한 다음에 넣어 주는 것은 비트의 효소발효 활성이 왕성하기 때문에 발효 중 넘침을 예방하고 분리 후, 원액 상태에서의 효소활 성을 유지시키기 위해서이 다. 남겨두었던 설탕을 넣을 때, 위에서 솔솔 뿌리듯이 넣 지 않고 한꺼번에 쏟아 넣으 면 원액이 끓어 넘치게 되므 로 주의해야 한다.

 황금비율

비트 줄기 + 잎의 무게 X 0.75 = 매질(설탕)량
비트 뿌리의 무게 X 0.80 = 매질(설탕)량

명현반응

치유되면서 호전되어 가던 환자에게서 예상치 못한 변화나 부작용 또는 역효과로 오인될 만한 이상반응이 나타나는 것을 일컫는 의학용어로 체질에 따라 일정기간 동안 증상이 심해지기도 하지만 궁극적으로는 완쾌되어 가는 과정의 현상이다. 일단 명현반응이 나타나면 음용이나 복용을 중단하고 세심하게 주의를 기울여 몸의 변화를 살펴보아야 한다. 무리한 음용보다는 일시 중단하여 일상을 회복한 후, 최초 음용량보다 더 적은 양부터 다시 시작하여 자신에게 적정한 음용기준을 갖도록 하는 것이 좋다.

발효와 마시기

5 교반: 비트도 무와 같이 담근 당일부터 교반이 가능할 정도로 삼투현상이 빠르다. 매일 1~2회 담근 당일부터 용기 바닥에 가라앉은 설탕이 모두 녹을 수 있도록 교반하며 설탕을 보충한 후, 3일간은 매일 교반하여야 한다.

6 소재와 원액 분리: 담금일 기준 7~10일

상온(20~25℃)에서 10일 정도면 포도주같이 붉은 비트액 추출이 완성된 상태에 이른다. 시기를 놓치지 말고 소재와 원액을 분리하고 이때 따로 담가 두었던 줄기와 잎의 원액도 함께 섞어 발효시킨다.

7 발효 확인: 담금일 기준 1~2일

8 마시기: 담금일 기준 3개월 후

비트 효소발효액은 체질에 따라 명현반응이 나타날 수 있으므로 조금씩 적게 마시기 시작하여 차츰 양을 늘려서 자신에게 맞는 정량에 적응하도록 하는 것이 좋다.

계절 과일에 맛을 더하는 비트 스무디

비트의 독특한 향과 맛이 오히려 비트 건지의 감미도를 떨어뜨릴 수 있으므로 토마토, 딸기, 감귤류, 바나나, 블루베리, 오디, 파인애플, 망고, 사과 등의 계절 과일이나 당근 같은 채소와 함께 얼린 요구르트 또는 두유에 섞어 믹서기에 갈아서 비트 스무디로 먹으면 좋다. 비트 건지에 두유와 비트 효소발효액을 넣고 믹서기에 갈면 맛있는 식사대용의 비트 쉐이크를 만들 수 있다.

비트 건지를 녹말물에 넣고 졸여낸 다음 통깨와 잣 등으로 모양을 갖추고 청색이나 흰색 과일을 얹어 색깔을 어울리면 훌륭한 컬러푸드 비트 조림이 된다. 절임 저장식품으로 비트 건지와 무 효소발효액, 식초간장(양조간장5 : 식초2)을 1 : 2 : 1로 혼합하면 맛있는 비트 식초간장 절임을 먹을 수 있다.

비트 건지를 동량의 물에 담가 당분을 우려내어 달이면 흉내 내기 어려운 조청이 탄생한다. 물에 살짝 흔들어 당분을 씻어낸 비트 건지를 파, 마늘, 미나리, 양파, 고춧가루에 버무려 천일염으로 간을 맞추면 빨간색의 쫄깃한 비트 깍두기가 된다.

비트를 슬라이스로 잘라 발효시킨 소재는 가정용 건조기나 통풍과 햇볕이 좋은 곳에서 말려 과자처럼 간식으로 활용할 수 있다. 비트 줄기 건지는 사과, 오이, 양파, 피망 등과 섞어 피클링 스파이스를 넣으면 색상이 화려하고 상큼한 맛의 비트 과일 피클이 탄생한다. 생과는 주로 샐러드용으로 이용되며 제과회사나 주류, 음료, 떡 등의 식품관련회사에서 색소용으로 많이 사용한다.

사과효능의 핵,
펙틴

사과(沙果) : 능금(綾禽), 말루스 시에베르시(Malus sieversii)

서양의 애플은 그리스가 문명의 중심이던 시대에는 가장 맛있는 과일의 대명사였다. 그래서 복숭아를 '페르시아 능금' 감자를 '땅 능금' 오렌지는 '지옥의 능금'이라는 이름으로 불렀고 파인애플은 여전히 '소나무 능금'이라고 부른다. 사과는 알칼리성 식품으로 탄수화물이 주성분이며 펙틴, 유기산, 당분을 함유하고 있다. 사과에 1~1.5% 정도 들어 있는 펙틴은 콜레스테롤을 흡착하여 혈압을 낮추고 동맥 내벽 조직에 지방 집적 현상을 방지하는 효과가 있다. 나트륨을 체외로 빨리 내보내는 역할을 하므로 고염식에 의한 고혈압 등의 치료와 예방 효과가 크고 장을 자극하여 배변을 유리하게 하며, 변비나 설사로 발

생하는 유해물질과 가스의 체내 흡수를 방지한다. 약 0.5% 가량 들어 있는 유기산은 사과산, 구연산, 주석산 등으로 신맛을 내며 위액 분비를 촉진하여 소화를 돕고 누적된 피로를 풀어주어 피부미용에 효과적이다. 동의보감에 능금(임금)은 성질이 따뜻하고, 맛이 시고 달며, 독이 없다고 한다. 사과나무와 비슷한데 열매는 둥글면서 사과와 같다고 기록하고 있어 능금과 사과가 비슷하지만 다른 것으로 구별하고 있다. 한국본초도감은 사과의 성질을 서늘하다고 설명하고 있다. 토종을 능금, 서양에서 들어온 것을 사과로 구분하면 능금에 해당하는 국광, 홍옥은 따뜻한 성질을 가지고 있으며 우리가 흔히 접하는 부사와 같은 사과는 서늘한 찬 성질을 가지고 있다. 일반적으로 많이 재배하고 유통되고 있는 사과는 당도가 높은 찬 성질의 부사로 냉증이 있는 사람은 많이 먹지 않는 게 좋다.

효능

1. **동맥경화와 암을 예방한다.** 칼리 성분은 펙틴 성분과 결합하여 소금의 주성분인 나트륨을 체외로 빨리 내보내는 역할을 하므로 고염식에 의한 질병, 즉 고혈압 등의 치료와 예방에 효과가 크다.

2. **변비를 해결해 주고, 대장암을 예방해 준다.** 사과의 펙틴과 섬유질로 변비를 해결해 주어, 대장암 발생을 예방해 준다.

3. **노화방지 및 피부미용에 효과가 있다.** 사과는 칼리, 칼슘, 나트륨 등 무기물 함량이 높은 알칼리성 식품이며, 식물 섬유소 및 비타민C의 함량이 많다.

파이토케미컬

사과에는 퀘르세틴이나 비타민C, 페놀산과 같은 강력한 항산화 물질들의 작용으로 활성산소의 피해를 막아 준다. 즉 사과에 많이 들어 있는 퀘르세틴이

껍질째 먹는 것이 좋다.

사과의 껍질에는 과육보다 훨씬 많은 펙틴과 안토시아닌 색소가 들어 있다. 비타민C의 대부분도 껍질과 껍질 바로 밑의 과육에 함유되어 있으며 기타 영양분 및 당분이 이곳에 축적되어 있으므로 사과는 껍질째 먹는 것이 좋다.

송순, 송엽 발효에 복방으로

소나무의 송순이나 송엽을 효소발효할 때, 사과를 함께 발효시키거나 사과 효소발효액을 첨가하면 부족한 수액을 보충하는 효과와 함께 소나무의 피톤치드향과 사과향, 사과 효소발효액의 새콤한 맛이 어우러져 특별한 풍미효과를 낼 수 있으며 파이토케미컬의 시너지 효과에도 유리하다.

란 물질은 알츠하이머형 치매나 파킨슨병 등 뇌질환을 치료하는 데 효과가 있
다. 퀘르세틴은 혈장 속의 과산화지질이 증가되는 것을 억제하여 세포의 노
화 및 조직손상을 억제하기 때문이다. 항산화 물질을 많이 섭취하면 나이가
들면서 부족해지는 학습능력과 기억력 유지에 도움이 된다. 또 섬유질이 많
아서 장을 깨끗이 하고 위액분비를 활발하게 하여 소화를 도와주며 철분 흡수
율도 높여 준다.

사과는 각종 비타민과 무기질, 사과산 등을 포함하고 있어 미용효과와 감
비효능에 좋은 반면 사과의 신 성분이 위에 부담을 주기도 해 위산과다증, 위
염, 위궤양 등에는 좋지 않다. 펙틴은 유독한 공해 물질의 흡수를 막아 주는
성분으로 장내에서 겔 상태가 되어 독소를 제거하고 동시에 장의 연동운동을
촉진한다. 푸른색 사과보다는 빨간색 사과에 퀘르세틴이 더 많이 들어 있으
나 푸른색 사과나 빨간색 사과의 영양성분에는 별 차이가 없고 푸른색 사과가
열량면에서 약간 낮다.

고르기

1 시중에 유통되는 대부분의 사과는 부사로 성질이 서늘한 반면, 능금이라
고 부르는 홍옥은 따뜻한 성질을 가지고 있다. 생산성이 떨어진다는 이유
로 홍옥의 재배 농가가 줄어 생산량이 매년 줄어들고 있으나 홍옥의 빨간
색깔만으로도 단맛만 강하게 내는 개량종 사과에 비할 바가 아니다. 사과
의 품종별 차이는 크지 않지만 자신의 체질에 맞는 것을 선택하고 이왕이
면 신토불이, 우리 땅에 토종화된 품종을 사용하면 더 좋은 약용효과를 얻
을 수 있을 것이다. 그리고 푸른색 사과가 빨간색 사과에 비해 약성이나 영

양의 차이가 없으니 낙과 혹은 풋사과를 효소발효에 활용하는 것도 바람직한 소재 선택이다. 크기가 작고 껍질에 상처가 있더라도 화학비료를 과다하게 사용한 과실보다 성장촉진제를 사용하지 않고 유기농으로 경작한 사과가 건강과일로 효소발효에 유리하다.

담그기

2 잔류농약에 대한 우려는 식초를 희석한 물에 잠깐 담가 두었다가 흐르는 물에 씻으면 제거된다. 건지 활용 방안에 따라 등분의 크기나 자르는 방법을 달리한다. 말려서 정과로 활용할 생각이면 얇게 슬라이스로 잘라야 하고, 파이나 잼 등에 이용하려면 큰 등분으로 잘라서 소재의 모양을 유지하는 것이 좋다. 사과의 씨는 유독하기 때문에 제거하고 담가야 한다. 껍질은 벗기지 않고 담가야 껍질의 유용성분을 사용할 수 있고 껍질과 과육의 수축상태를 보고 삼투압 진행과 원액분리 시기를 판단하기 쉽다. 계량한 설탕의 80%와 사과를 버무려 차곡차곡 용기에 담고 그 위에 남겨둔 20%의 설탕을 이불로 덮어주고 소재 5kg 기준으로 1티스푼(5g) 정도의 천일염을 넣는다.

황금비율

일반 채소에 비해 비교적 높은 당도를 가지고 있어 매질량을 낮게 해야 한다.
능금(사과)의 무게 X 0.72 = 매질(설탕)량
예) 능금(사과) 5Kg X 0.72 = 매질(설탕) 3.6Kg
낙과나 풋사과의 경우는 성숙과보다 당도가 낮으므로 매질계량을 0.75로 한다.

3 소재와 원액 분리: 담금일 기준 5~12일

4 발효 확인: 담금일 기준 3~5일

5 마시기: 담금일 기준 3개월 후

발효가 안정된 상태 이후부터 마시고, 다른 효소발효액과 혼용하면 더 좋은 맛과 효과를 얻을 수 있다.

🥣 사과 깍두기, 고구마를 곁들이면 금상첨화

풋사과나 낙과를 이용하여 사과 효소발효액을 넣어 담그는 사과 깍두기는 새콤한 맛으로 감미를 돋우는 별식 반찬이다. 고구마와 사과는 꼭 필요한 궁합식품으로 고구마 건지와 사과 건지를 함께 활용하면 손색없는 건강기능성 식품이 된다. 고구마를 활용한 식품에 사과가 포함되면 사과의 펙틴 성분이 고구마에 함유된 아마이드 성분에 의한 이상발효를 막고 고구마와 사과의 약리성분을 상호 보완하는 금상첨화 식단이 된다.

🥣 사과 시럽, 잼, 장아찌, 사과 사이다, 사과 쉐이크

사과의 펙틴은 열을 가해도 변질되지 않는 특성이 있기 때문에 다양하게 활용할 수 있다. 건지와 물을 1：1 동량으로 냄비에 넣고 끓여서 간단히 사과시럽을 만들 수 있으며 사과 주스, 사과 사이다, 사과 식초, 사과 스무디, 사과 쉐이크, 사과잼 등 활용도가 많다. 사과잼은 건지를 갈아서 그대로 냉장 보관하여 사용하고, 맛과 영양 만점의 사과팬케이크는 사과 건지와 아몬드, 땅콩, 호두 등 견과류를 우유나 플레인요거트에 섞어 믹서에 간 다음, 통밀가루와 찹쌀가루에 반죽하여 오븐에 구워낸 다음 사과효소액을 끼얹어 먹는다.

사과 건지 100g~150g, 된장 500g에 고춧가루 2큰술, 마늘 2큰술의 비율로 믹서기에 갈아내면 훌륭한 쌈장이 된다. 소재의 조직이 물러지기 전에 하루, 이틀 먼저 걸러서 고추장이나 된장에 버무리면 특별한 맛의 장아찌를 만들 수 있으며, 사과효소를 연근이나 우엉, 콩조림에 넣어 사용할 수도 있고, 떡볶이에 넣으면 별미요리가 된다. 과일이나 채소 샐러드에 뿌려 먹을 수 있는 독특한 맛의 소스로도 사용할 수 있다.

살결미인의 비밀,
복숭아

복숭아 : 도자(桃子), Peach

장미과의 낙엽소교목 식물로, 맛은 달고 시며 성질이 따뜻한 과일이다. 오행
으로 분류하면 금(金)에 속하며 열성을 띠고 있어 과용하면 몸에 열이 쌓여 복
창이나 피부 염증을 일으킬 가능성도 있다. 동의보감에 '복숭아 열매는 도실
이라고 하여 성질이 열하고 맛이 시며 얼굴빛을 좋게 한다.'고 기록되어 있다.
민간 속설에 '달밤에 복숭아를 먹으면 미인이 되고, 복숭아 과수원 집 딸이 예
쁘고, 복숭아 잎으로 세수나 목욕을 하면 피부가 고와진다.'는 말은 상당히 근
거가 있는 말로 복숭아는 피부 미용에 탁월하다. 복숭아에 함유된 비타민C와
베타카로틴·펙틴질이 피부 미백·니코틴 해독에 효과가 있는 것으로 알려져

있다. 최근 임상실험 결과에 따르면, 복숭아는 멜라닌 색소 형성에 가장 중요한 효소인 타이로시나아제 생성을 저해함으로써 멜라닌 색소 형성을 감소시켜 피부 미백에 효과가 있는 것으로 보고됐다. 복숭아는 혈행을 촉진하고 이뇨작용을 촉진시켜 몸의 붓기를 가라앉히고 신진대사를 활발하게 해 주기 때문에 감비(diet)식품으로도 애용한다. 그러나 복숭아는 저장성이 낮아 제철이 아닌 다른 계절에는 먹을 수 없는 과일이다. 따라서 제철의 복숭아를 효소발효식품으로 활용하면 저장성을 가질 수 있어 계절에 상관없이 다양한 약성과 기능성을 발휘하는 건강식품으로 섭취할 수 있다. 과육이 흰 백도와 노란색의 황도가 있는데 생과일로 먹기에는 수분이 많고 부드러운 백도가 유리하나 효소발효 소재로는 과육이 단단한 황도가 좋다.

효능

1 **노화방지 및 피부 미백에 좋다.** 베타카로틴이 체내에서 비타민A로 전환, 세포에 대한 활성산소의 공격을 막아 피부 노화를 예방하고 피부 미백에 좋다.

2 **간 기능 회복을 돕고 해독작용을 한다.** 복숭아는 알칼리성 식품으로, 비타민A와 C, 펙틴(pectin)질이 풍부하여 인체의 면역력을 길러 주고 식욕을 돋운다.

3 **혈액을 맑게 하고 순환을 원활하게 한다.** 혈행 및 정혈을 촉진하고 니코틴 제거에 효험이 있다.

파이토케미컬

복숭아, 감, 귤, 살구, 당근, 호박, 고구마 등이 노란색을 띠는 이유는 베타카로틴 때문이며 중요한 기능은 항산화제 역할이다. 항산화제란 인체 내에 생성된 활성산소에 의해 세포막과 유전자를 손상시키고 암세포를 유발하는 것

영양성분

당도는 레몬과 비슷하다. 황도 기준으로, 수분 90.8%, 탄수화물 7.4g, 칼슘 15mg, 인 19mg, 비타민 A, B₁, B₂, B₆, C, E 나이아신 등을 함유하고 있다.

을 막는 자연방어 물질을 통칭한다. 베타카로틴은 인체로 흡수된 뒤 비타민A로 바뀌어 정자형성, 면역반응, 식욕 및 성장 등 생리적 과정에 필수적인 영향을 준다. 인체는 스스로 비타민A를 만들지 못하므로 밖으로부터 섭취해야 하는데, 인공합성 비타민A를 과잉 섭취하면 부작용이 일어날 수 있어 식품에 함유된 베타카로틴을 섭취하는 것이 안전하다. 복숭아는 파이토케미컬로 베타카로틴, 캠페롤, 폴리페놀류를 함유하고 있다.

고르기

1 크기가 고르고 꼭지 부분과 전체적으로 초록빛이 없이 색이 균일하며 향기가 강한 것이 좋다. 병충해의 피해가 아닌 벌레가 상처를 낸 것은 효소 소재로는 나쁘지 않다. 좌우 대칭으로 균형 있게 잘 생긴 것을 고른다. 덜 익은 것은 약간 떫은맛이 나지만 발효과정에서 사라진다. 8~13℃ 정도에서 냉장 보관하면 2주일까지는 효소발효에 무리 없이 사용할 수 있으나 오래 보관할수록 신선도가 떨어지고 과즙이 감소하며 육질이 질겨지거나 조직이 물러져 건지 활용과 발효에 좋지 않다. 조·중생종인 백도는 껍질의 빛깔이 고르게 유백색을 띤 것이 좋고, 만생종인 황도는 백도보다 육질이 단단하고 껍질의 색이 짙기 때문에 효소발효 소재로는 황도가 더 좋다. 소재가 산화되지 않도록 소재를 절단하는 즉시 소재와 설탕을 여러 층으로 교대하며 용기에 담는다.

담그기

2 흐르는 물에 복숭아의 털이 잘 씻기도록 2~3회 반복하여 씻고 과육이 물러

지거나 벗겨지지 않도록 주의한다. 채반에 건져 물기를 뺀 다음 소재의 꼭지를 떼어내고 봉합선처럼 나뉘어진 부분에 씨가 닿는 곳까지 칼집을 넣어 양손으로 돌려 그리듯 반으로 나눈다. 씨가 남아 있는 부분은 스푼을 이용하여 씨를 빼고 다시 두 번 정도 세절한다.

저장성이 낮은 복숭아

복숭아에는 체질에 따라 알레르기를 일으키는 성분이 있으므로 알레르기 반응에 예민한 사람은 효소발효시켜 먹는 것이 알레르기 피해를 막을 수 있는 방법이다.

 **황금비율**

소재의 무게(씨 무게 제외) X 0.72 = 매질(설탕)량
예) 황도 5Kg X 0.72 = 설탕 3.6Kg

발효와 마시기

3 소재와 원액 분리: 담금일 기준 7일

담근 당일부터 교반이 가능할 정도로 삼투현상이 빠르고 발효가 왕성하므로 매일 1~2회 담근 당일부터 용기 바닥에 복숭아 추출액과 함께 가라앉은 설탕이 모두 녹을 수 있도록 교반한다.

4 발효 확인: 담금일 기준 2~3일

5 마시기: 담금일 기준 3개월 후

펙틴을 활용한 복숭아 다이어트

복숭아 건지에는 펙틴 성분이 풍부하게 함유되어 있어 포만감을 주고 비타민과 미네랄이 풍부해 몸의 항상성을 유지하며 다이어트에 매우 효과적이다. 복숭아 건지를 갈아서 두유, 우유, 요거트 등에 섞어 마시는 방법으로 복숭아 다이어트를 하면 배고픔을 잊고 생활에 전혀 지장 없이 다이어트 효과를 얻을 수 있다. 복숭아의 맛과 향이 어우러진 잼, 주스, 젤리, 샤베트, 아이스크림을 만들어 디저트로 활용할 수 있으며 단술, 케이크에도 잘 어울린다. 특히 복숭아 건지를 된장이나 고추장에 버무려 저장해 두고 먹으면 식감과 맛에서 견줄만한 장아찌가 없을 정도로 뛰어나다. 미강(米糠)과 함께 믹서에 갈아서 복숭아 팩으로 만들면 미용에도 탁월하다. 약용하는 도라지를 복숭아 효소발효액에 담궈 함께 발효시키면 기침과 가래에 효과적인 자연치유식품이 된다. 흡연과 숙취에도 탁월한 효과가 있는 복숭아는 단순한 과일이 아니라 건강 기능성 식재료이다. 기타 복숭아 건지를 냉면, 쫄면 등에 이용하면 인스턴트 식품의 한계를 보완할 수 있다. 복숭아를 장어처럼 지방함량이 많은 식품과 함께 먹으면 복숭아의 유기산이 장어의 지방소화를 방해해 설사를 일으키므로 주의해야 한다.

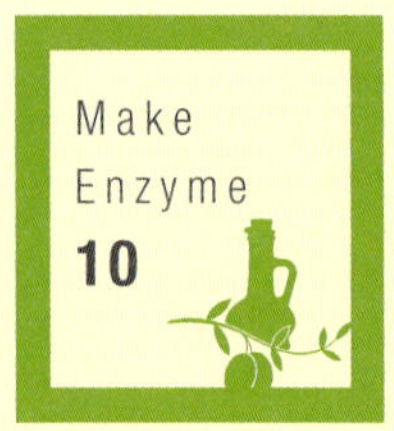

여성을 위한 과일,
자두

자두(紫桃) : 자이(紫李), 이실(李實), plum

단맛과 함께 강한 신맛을 지니고 있으며 약간 차가운 성질을 가지고 있는 알
카리성 식품으로 만성간염, 간경화복수 등 간이 나쁜 사람에게 효능이 있는
것으로 알려져 있다. 호흡기나 순환기 기능이 약한 태음인 체질에 잘 맞는 먹
을거리로 간장과 신장에 작용하여 신장의 기능을 보하고 간장의 음혈 부족을
보충해 주며 간장에 쌓인 열을 풀어 준다. 한방의 간장약 처방에 절인 자두를
장복하는 것이 포함되어 있으며 기미 낀 여성과 화장이 잘 받지 않는 여성에
게 미용식으로 권하기도 한다. 미국에서는 말린 적자두 건과를 푸룬(prune)이
라고 하여 식사 대용으로 사용하는데 말린 자두에는 폐경기 여성에게 좋은 보

론(Boron, 붕소)이라고 하는 식물 성장에 꼭 필요한 반금속 원소를 가지고 있어 나이든 여성의 칼슘 흡수를 도와주고 에스트로겐 호르몬을 유지하게 만든다. 자두의 새콤한 맛을 느끼게 하는 성분은 1~2% 함유되어 있는 유기산으로, 대부분이 사과산인데 사과산에는 펙틴성분이 엉기는 성질이 있어 잼과 젤리를 만들기에 좋고 과자 소재와 통조림, 과실주 등 다양하게 쓰이고 있다. 효소발효 소재로는 자색이나 흑색의 짙은 색깔을 띠고 있는 피자두나 먹자두로 담그는 것이 좋다. 자두는 습을 도와주고 담을 만드는 성질이 있어 체질에 관계없이 너무 많이 먹으면 비위를 손상시킬 수 있으므로 명품 효소발효액이라도 비위가 약한 사람은 과용하지 않는 것이 좋다. 매실처럼 미숙과는 쓰고 떫으며 유독하므로 효소발효 소재로 부적합하다.

영양성분

자두(Prunus domestica)에는 생과 100g당 총 페놀이 471mg 함유되어 있어 고혈압, 빈혈, 심근경색, 중풍, 협심증, 동맥경화, 성인병, 암 예방 등에 효능이 있다. 일반 영양성분을 살펴보면 수분 84.7%, 탄수화물 13.7%가 함유되어 있다. 카로티노이드 같은 비타민류와 미네랄 성분이 풍부하고, 소량이지만 10여 종의 아미노산을 고르게 함유하고 있다.

효능

1 신장과 간의 기능을 강화한다. 이뇨작용으로 주독을 풀어 주는 효과와 신장과 간 기능 강화 효과가 있다.

2 섬유소가 많아 변비와 다이어트에 효과적이다. 사과의 12배나 되는 수용성 식이섬유가 풍부하게 함유되어 변비를 예방하고 다이어트에 효과적이다.

3 피로회복과 식욕증진에 효과가 좋다. 사과산과 구연산의 신맛이 피로회복과 식욕증진에 도움을 준다.

파이토케미컬

항산화 물질인 안토시아닌과 유기산, 체내에서 비타민A로 전환되는 카로티노이드 색소와 비타민C 그리고 철분이 풍부하다. 항산화 성분 함량이 블루베리, 딸기, 시금치, 브로콜리의 2.5배에 달하며 철분과 칼륨 역시 사과의 8배, 비타민A는 24배나 많이 들어있다. 자두, 블루베리, 체리 등이 자주색을 띠는 이유는 안토시아닌 때문이다. 안토시아닌은 강력한 항산화 물질로 혈전 형성을 억제하여 심장질환과 뇌졸중 위험을 감소시킨다. 안토시아닌은 소염, 살균에 탁월하고 위장에 순하게 작용하면서도 아스피린보다 10배나 강한 소염작용을 가진다는 연구결과가 있다.

고르기

1 껍질이 푸른빛이 나며 빨갛게 선명한 것으로 과육이 단단하고 자두의 끝이 뾰족하며 껍질에 분가루 같은 과분이 충분히 묻어 있는 것이 좋다. 자두가 너무 빨갛게 익은 것은 당도가 낮은 편이고 오히려 푸른빛이 도는 자두가 당도도 높고 약성도 풍부하다. 아직 익지 않은 자두는 쓰고 떫은 맛을 내며 독이 있어 효소발효 소재로 적당하지 못하다.

담그기

2 물에 씻을 때 과분이 씻겨나가지 않도록 샤워시키는 정도로만 씻어서 채반에 담아 물기가 한숨 떨어진 후에 절단한다. 매실이나 돌복숭아처럼 통째로 사용하거나 과육에 칼집을 내는 정도로 사용해도 좋지만 건지를 활용하기 위해서는 씨를 빼고 등분을 나누어 담아 자두액을 빨리 추출한 후 건지를 거르는 것이 유리하다. 자를 수 없을 정도로 익은 자두를 소재로 사용할 때는 포크를 이용하여 구멍만 내어 통째로 담고 역시 건지를 빨리 건지는 것이 좋다.

3 자두를 자르는 즉시 자두와 설탕을 교대로 용기에 담는다.

자두의 무게(씨 포함) X 0.70(씨 포함) ~ 0.72(씨 제외) = 매질(설탕)량

발효와 마시기

4 교반: 교반을 부드럽게 하여 소재가 뭉개지지 않도록 하며 원액에 잠겨 있
던 부분과 떠올라 있던 부분이 고루 섞이도록 하여 삼투현상과 발효가 전
체적으로 함께 진행되게 한다.

5 소재와 원액 분리: 담금일 기준 4~5일 이내

거름한 건지를 장기간 보관하면 소재의 조직이 물러져 활용하기 어려워지
므로 목적에 따라 빨리 사용하는 것이 좋다. 당장 활용계획이 없으면 건조
기나 통풍이 양호한 장소에서 건조시켜 정과 또는 주전부리 간식으로 사용
한다.

6 발효 확인: 담금일 기준 1일

7 마시기: 담금일 기준 3개월 후

장아찌는 기본, 빵, 파이, 쿠키, 케이크, 강정, 튀김은 옵션

자두 건지의 식품소재 활용 방법은 다양하기 때문에 자두를 효소발효하면 식품소재로 사시사철 새콤한 자두를 맛볼 수 있다. 건지를 된장이나 고추장에 버무려 만든 장아찌는 기본이며 자두피클, 효소 건지를 믹서에 갈아 만든 자두잼이나 자두 건지를 끓여 만든 자두조청은 일등 식품이다. 붉은빛이 짙은 자두에는 항산화 물질인 안토시아닌 성분이 풍부해 TV시청과 장시간 컴퓨터 게임에 빠져 눈을 혹사하는 아이들의 눈 건강을 위해 효소발효액과 자두 건지를 섭취하도록 하는 것이 좋다. 안토시아닌은 물론 당근보다 많은 베타카로틴과 비타민 A · B · E 등이 들어있는 자두 건지를 활용하여 샐러드에 요거트와 건지를 버무려 넣은 푸룬 샐러드나 자두카레, 건지와 함께 굽는 빵, 자두파이, 자두쿠키, 자두 건지강정, 자두 건지튀김 등은 아이들이 좋아하는 음식이다. 자두 건지를 갈아 넣은 양념장과 자두 건지를 썰어 넣어 만든 자두 비빔국수, 냉면, 자두미역냉채, 자두화채 등은 자두의 냉성을 이용한 시원한 여름 별미 식품이 된다.

겨울철 종합비타민,
감

감: 시자(柿子), 시과(柿果), Persimmon

중국, 한국이 원산지인 동북아시아 고유의 감나뭇과에 속하는 낙엽교목의 열매로, 단맛과 찬 성질을 가지고 있으며, 독이 없고 심장과 폐장을 부드럽게 한다. 갈증을 멎게 하며 주독을 풀어 주는 알칼리성 식품으로 소양인과 태양인에게 좋다. 베타카로틴과 비타민C가 풍부하여 바이러스에 대한 저항력을 높여 감기예방 효과가 크고, 비타민이 귤의 2배, 사과의 6배로 피로회복과 노화예방에도 좋다. 다른 과실보다 단백질, 지방, 탄수화물, 회분, 철분, 칼륨 등이 많이 함유되어 있으며, 특히 칼륨의 다량 함유로 많이 먹으면 배뇨와 함께 일시적으로 체온이 떨어지기도 한다. 함유된 구연산은 오줌을 맑게 하고,

근육의 탄력을 강화시켜 현대인들에게 애호받는 과일이다. 민간의학에서는 시체라하여 잘 익은 감꼭지를 햇볕에 말려 다려 먹으면 정력을 돕고 딸꾹질을 멎게 하는 약재로 사용하였다. 생감의 즙(액)은 뱀, 모기, 벌 등 벌레에 물린 곳에 발랐으며, 풋감의 떫은 즙과 감나무 잎은 중풍, 고혈압 등의 치료와 예방에 쓰였다. 감의 떫은맛은 디오스프린이라는 탄닌성분으로, 수용성이기 때문에 쉽게 떫은맛을 나타낸다. 감의 찬 성질과 탄닌의 수렴작용으로 과용하면 몸을 차게 하고 변비 증상을 일으키게 되므로 병 후, 위장장애, 출산 후 등에는 많이 먹지 않는 것이 좋다. 그러나 곶감(건시, 백시, 황시)이나 특히 효소발효액으로 만들어 먹게 되면 찬 성질과 탄닌 작용이 누그러지고 비위를 보하며 위와 장에 활력을 갖게 하여 소화를 돕고 체력을 보충해 주는 한편 숙변과 기미를 제거하는 효과가 있다.

효능

1 감기예방과 피로회복 및 노화 예방의 종합 비타민이다. 다량의 미네랄과 항산화 효과가 있는 베타카로틴의 비타민A를 포함하고 있는 종합비타민이다.

2 고혈압 및 동맥 경화를 예방한다. 루틴 성분이 혈압을 내리는 역할을 한다.

3 피부개선 및 기미제거에 좋다. 귤보다도 비타민C가 훨씬 풍부하다.

파이토케미컬

베타카로틴과 탄닌을 다량 포함하고 있다. 단감의 과육이나 껍질에 나타나는 검은 점은 탄닌이 응고하여 불용화한 타닌세포의 변형으로 떫은맛을 낸다. 탄닌은 모세혈관을 튼튼하게 하여 순환기 질환, 즉 고혈압이나 동맥경화에 도움이 되며 수렴작용을 하므로 장 점막을 수축시켜 설사를 멎게 하고 모공을 조여주어 피부 탄력을 높이는 효과가 있다. 또한 소화기계, 호흡기계, 비뇨기

영양성분

열량 68Kcal, 수분 82.6%이며, 100g 기준으로 칼슘 1mg, 비타민A 45Iu, 비타민B₁ 0.03mg, 비타민B₂ 0.03mg, 비타민C 28mg, 단백질 0.6g, 지방 0.1g, 탄수화물 14.1g, 회분 0.5g, 기타 철분, 칼륨, 나트륨, 마그네슘, 칼슘, 망간, 철분 등의 미네랄이 골고루 함유되어 있다. 감잎에도 비타민C가 풍부해 어린 새잎에는 100g당 500mg, 다 자란 잎에는 200mg이 들어 있다.

계 점막을 보호한다. 탄닌은 철분과 잘 결합하는 성질이 있어 빈혈이나 저혈압에는 좋지 않다.

고르기

1 수확시기에 따라 재래종으로 8~9월의 조홍시(早紅柿)와 10월의 홍시(紅柿) 그리고 외래종의 단감이 있다.

　먼저 재래종은 껍질이 매끈하고 탄력과 윤기가 있으며 짙은 선홍색을 띠고 있는 것으로 과분이 서린 것이 좋다. 표면에 검은 반점이 있는 것은 탄닌이 응고된 흔적으로 효소발효에 이상이 없는 소재이다.

단감은 꼭지 부분이 찌그러지지 않고 깨끗하며 위아래가 등황색으로 색이 동일하며 과실 표면에 과분이 피어 있는 것이 좋다. 만졌을 때 단단하게 느껴지고 병충해의 흠집이 없고 윤기가 있으며 잘랐을 때, 과육이 치밀한 것이 좋은 소재이다.

　봄에 나는 감잎과 설익은 땡감도 소재로 활용할 수 있다. 토종감인 고욤은 약성이나 맛에서 일반감에 비해 월등하여 효소발효 소재로 우수하며 완숙과 상태에서 채취하여 사용한다.

담그기

2 과분이 씻겨 나가지 않도록 먼지와 오염물질을 털어내는 정도로 가볍게 씻는다. 감꼭지를 떼어내고 껍질을 깎아 삼베주머니에 구분하여 넣는다. 껍질을 벗긴 과육을 적당한 크기로 자르고 씨는 제거한다.

3 계량한 매질의 20%는 설탕이불로 사용하기 위해 남겨 두고 감 껍질과 과육을 매질(설탕)과 버무린다. 껍질은 삼베주머니에 넣어 용기 바닥에 먼저 담고 과육을 그 위에 차곡차곡 담은 후, 남겨 둔 20% 매질을 설탕이불로 덮어 준다.

감 껍질은 효소를 담글 때 따로 담그며 매질은 0.65정도 사용한다.

 황금비율

소재(감)의 무게 X 0.60 ~ 0.62(땡감) = 매질(설탕)량

*감은 대략 18brix 내외의 당도를 나타낸다.

발효와 마시기

4 소재와 원액 분리: 담금일 기준 10일 전후

5 발효 확인: 담금일 기준 3일

6 마시기: 담금일 기준 3개월 후

감 특유의 맛과 향을 살려 다른 빛깔의 효소발효액과 섞어 마시면 풍미효과를 높일 수 있고 소재 고유의 식물성 생리활성 물질의 활성도 좋아진다.

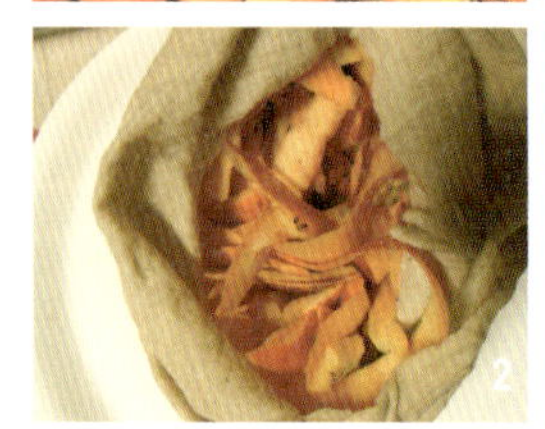
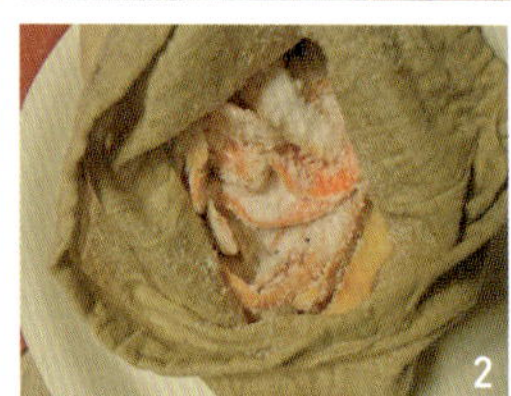

무말랭이를 뛰어넘은 아삭달콤 별미, 감말랭이

감 건지는 맛과 식감이 좋아 각종요리와 밑반찬으로 활용도가 뛰어나다. 단순히 감말랭이를 간식거리로 먹거나 고추장이나 된장에 버무려 장아찌로 먹기도 하고 다른 요리에 장식이나 감미 효과를 내기 위해 사용하기도 한다. 과일이나 채소즙 등에 갈아서 섞어 마시면 독특한 맛을 내며 감식초, 수정과에 이용하기도 한다. 그밖에 북어와 함께 삶은 물은 고혈압에 좋으며 건지와 생강을 함께 달인 물은 감기와 기침, 코막힘에 좋다. 감잎(시엽 — 柿葉)을 자반생선의 짠맛을 뺄 때 함께 물에 담궈 사용하면 염도를 낮출 수 있다.

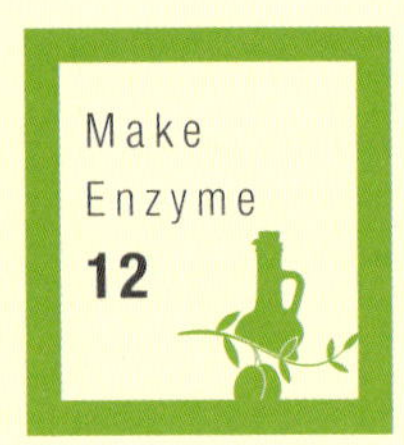

강인한 생명력을 가진
젖빛 즙액 식물, 쇠비름

쇠비름: 오행초(五行草), purslane

쇠비름은 '식용채소로 유용한 젖빛 즙액을 가진 식물'이라는 의미로 타감성 물질을 분비하여 다른 식물의 성장을 저해하는 타감작용(알렐로파시, allelopathy)식물이다. 유럽의 서구지역에서는 줄기·잎을 샐러드로 먹거나 삶아서 조리하여 먹는다. 전 세계 온대와 열대에 걸쳐 어디서든지 흔하게 분포되어 있을 정도로 강인한 생명력을 가지고 있는 식물이다. 맛은 시고, 성질은 차며, 무독한 쇠비름은 그 이름이 다양한 만큼이나 식용, 약용, 사료용, 퇴비 등으로 광범위하게 사용된다. 잎 모양이 말의 이를 닮았다 해서 마치채 또는 마치현이라고 하며, 쇠비름을 먹으면 늙어도 머리카락이 희게 변하지 않

고 장수한다고 해서 장명채, 음양오행설을 말하는 다섯 가지 기운, 즉 초록빛의 잎과 붉은 줄기, 노랗게 피는 꽃, 흰 뿌리, 까만 씨의 다섯 가지 색깔을 가지고 있어 오행초라고도 한다. 여름철의 뜨거운 햇볕을 좋아하는 식물로 태양의 정기를 온 몸으로 받으면서 자라는 생명력이 강하고 생기가 충만한 약초이다. 한여름 뙤약볕 아래에선 모든 식물이 시들어 가지만 쇠비름만은 오히려 더 싱싱하고, 뽑아 던져 놓아도 죽지 않을 만큼 끈질긴 생명력을 가지고 있다. 이는 잎과 줄기에 수분을 많이 저장하고 있어서 어떤 환경에서도 시들거나 마르지 않는 것이다. 잎과 줄기는 털이 없이 매끈하며, 채취당시의 뿌리는 흰색이지만 씻는 과정과 가공과정에서 붉은색을 띤다. 매우 흔한 풀이지만 쇠비름이 함유하고 있는 그 약성과 기능은 놀라울 정도여서 신비롭기까지 하다. 쇠비름은 차가운 성질이 있어서 몸이 냉한 사람이나 혈압이 높은 사람은 피하는 것이 좋다. 쇠비름 효소발효액은 먹기도 하지만 피부질환이 있는 부위에 발라주면 치료에 큰 도움이 된다.

효능

1 **항균 · 항염 · 항암 효과가 있다.** 쇠비름의 탄닌과 사포닌, 베타카로틴, 글루틴, 칼륨, 비타민 C, D, E의 약리성과 항균 · 항산화 물질에 의해 면역력과 저항력이 강화되고 아토피성 피부, 여드름, 주근깨, 습진, 무좀 등 피부미용 에 효과가 있다.

2 **정신질환, 스트레스, 우울증, 치매, 알츠하이머 예방과 개선에 효과가 있다.** 필수지방산인 알파리놀렌산 오메가3가 정신질환, 스트레스, 알츠하이머, 우울증, 치매 예방과 개선효과가 탁월하다.

3 **강심효과와 자궁 수축, 정혈에 도움이 된다.**

영양성분

수분 86.7g 단백질 5.6g, 지질 1.75g, 당질 1.3g, 섬유질 1.3g, 회분 3.5g, 칼슘 39.43mg, 구리 2.73mg, 철분 202mg, 아연 1.04g, 당류, 녹말, 비타민B₁, 비타민C, 토코페롤, 도파민, 카로틴, 사포닌, 탄닌, 리그닌, 몰리브텐, L-노르아드레날린 칼리움염, 유기산(사과산, 레몬산, 싱아산) 및 아미노산류-글루타민산, 아스파라진산, 알칼로이드 성분, 불포화지방산, 오메가3, 식물성 수은으로 이루어져 있다.

파이토케미컬

쇠비름에는 타닌과 사포닌, 베타카로틴, 글루틴, 칼륨, 비타민 C, D, E를 비롯해 등푸른 생선이나 녹색 채소류, 견과류에 들어 있는 생체 유지의 필수지방산인 알파리놀렌산 오메가3가 풍부하다. 베타카로틴과 함께 인체의 면역력을 높이며 항암작용을 하여 비만, 대장암, 유방암, 전립선암의 치료에도 도움이 된다.

고르기

1 전초를 모두 사용하며 발효가 왕성하므로 채취 즉시 담아야 소재가 뜨지 않는다. 쇠비름 채취는 묵혀둔 경작지나 오염원에서 멀리 격리되어 자연의 야생상태에서 자란 것을 선택하는 것이 좋다. 일부 상업적으로 재배하는 농가도 있으므로 경로를 통해 무농약 재배한 쇠비름을 구입하여 사용하는 것이 시간과 비용면에서 더 유리할 수 있다.

담그기

2 채취한 즉시 애벌 세척하여 뿌리부분의 토양이 마르기 전에 씻어내는 것이 좋다. 담그기 전에 다시 뿌리와 줄기부분을 분리하여 씻어야 하며 뿌리부분을 씻을 때 오랫동안 물에 담가 두거나 강하게 씻으면 흰 뿌리가 붉어지며 유용성분이 빠져 나가게 되므로 토양성분이 씻기는 정도로만 세척하는 것이 좋다. 줄기와 잎은 먼지와 오염물질을 털어내는 정도로 가볍게 씻어 줄기와 잎이 떨어지지 않도록 주의한다. 씻은 쇠비름을 채반에 받쳐서 어느 정도 물기를 제거하여 사용한다.

쇠비름의 아토피 효험
쇠비름은 동의보감에도 종기를 낫게 하고 곪은 상처를 치료한다고 기록되어 있다. 특히 아토피, 건선, 악창(惡瘡), 여드름, 습진, 땀띠, 무좀 같은 피부질환에 신기할 정도로 효험이 있으며, 주근깨나 뾰루지로 탁한 피부를 맑고 뽀얀 피부로 만들어 준다. 벌레에 물린 경우에도 즙을 내어 바르면 잘 듣는다. 쇠비름을 말려 가루를 내어 고약의 주재료로 기름에 개어 사용하기도 하였다.

3 씻은 뿌리를 적당한 크기로 썰어 베주머니에 넣어 용기 바닥에 넣는다. 줄기와 잎은 씻은 후, 썰지 말고 줄기 채, 계량한 전체 매질(설탕)의 80%와 교대로 차곡히 담는다. 담은 후, 발효에 유리하도록 식칼을 이용하여 발효 용기 안에서 소재를 세절한다. 미리 썰어 놓고 담으려면 줄기와 잎이 모두 흩어지기 때문에 담는 과정이 혼잡하고 일이 많아지게 되므로 용기에 담은 상태에서 썰어 주는 것이 유리하다. 남겨둔 20% 매질을 설탕이불로 덮어 주고 소재 무게 1Kg 기준에 1g(0.1%)의 천일염을 얹는다.

황금비율

소재(쇠비름)의 무게 X 0.85 = 매질(설탕)량
예) 쇠비름 5Kg X 0.85 = 4.25Kg

발효와 마시기

4 교반: 담근 당일부터 나무주걱을 이용해 교반하며, 소재인 쇠비름의 줄기와 잎이 검게 탈색되어 엉켜있으므로 뒤집는 방식으로 진행한다. 이후 소

재와 쇠비름액이 분리되어 떠오르게 되고, 소재는 액이 빠진 상태에서 줄기부분만 형태를 유지하게 된다.

5 소재와 원액 분리: 담금일 기준 10일 전후

6 발효 확인: 담금일 기준 2~3일

7 마시기: 담금일 기준 3개월 후

쇠비름 특유의 신맛과 향이 조화되는 다른 빛깔의 효소발효액과 섞어 마시면 풍미효과를 높일 수 있으며 소재 고유의 식물성 생리활성 물질의 활성도 좋아진다.

쇠비름 씨

담그는 과정에서 쇠비름의 씨를 벌레로 오인하여 버리는 경우가 있으나 8~10월 도토리 모양의 씨방이 익으면서 윗부분의 뚜껑이 열리며 아주 작고 검은 씨앗들이 쏟아져 나온 것으로 벌레와 무관하다.

COOK

나물, 장아찌, 차, 입욕제

나물로 먹는 쇠비름은 냉동 보관하며 필요량 만큼씩 고추장에 버무려 무침으로 먹거나 기름에 살짝 볶아서 식용할 수 있다. 간장5 : 식초2의 비율로 식초간장을 만들어 소재에 부어 두었다가 3일 후부터 식용할 수 있다. 단맛이 싫으면 건지를 물에 살짝 헹구어 낸 다음 채반에서 수분을 제거하여 식초간장에 담근다. 2~3일 후, 식초간장만 따라내어 끓여서 식혀 붓고 다시 2~3일 후에 같은 작업을 반복하여 3회 정도 하면 변하지 않고 맛있는 쇠비름 장아찌를 별식 반찬으로 즐길 수 있다. 비트조청과 고추장, 마늘 들기름과 소금으로 무쳐주면 빛깔도 먹음직스러운 나물이 된다. 건지에 1.5배 정도의 물을 부어 끓인 후 건지를 건져내고 더 다리면 각종 요리에 귀하게 사용할 수 있는 쇠비름 조청이 된다. 줄기와 잎을 눌러 으깨면 끈적이는 점액이 나오게 되는데 따로 모아 각종 피부질환에 연고대용으로 사용하면 효험을 보게 된다. 또는 건지에 물을 넉넉하게 붓고 끓여서 차처럼 마셔도 좋다. 기타 노약자의 회복식으로 쇠비름 죽을 쑤어 먹거나 건지를 환으로 만들어 먹는 등 다양한 방법으로 활용할 수 있다. 쇠비름 건지를 샤워할 때나 세수, 목욕물에 함께 사용하면 피부미용과 각종 피부질환에 큰 도움이 된다.

토마토하면 리코펜,
리코펜하면 항암식품

토마토: 일년감, 번가(番茄), 남만시(南蠻柿), tomato

가지과의 한해살이 식물로, 성질은 약간 차고 맛이 시고 달며 무독하다. 몸의 진액을 생성하고 열을 내리며 갈증을 멎게 한다. 신맛이 간장에 작용하여 시력을 보하고 혈압을 낮추며 콜레스테롤을 줄인다. 토마토는 타임지가 선정한 '암을 예방할 10대 건강식품'으로 선정된 항산화 효능이 뛰어난 식품으로 알려져 있다. 토마토는 과일과 채소의 두 가지 특성을 모두 갖추고 있으며 비타민과 무기질의 각종 영양소와 카로틴, 리코펜 등의 색소가 풍부하다. 토마토가 빨갛게 익으면 의사 얼굴이 파랗게 된다는 유럽 속담이 있는데 토마토를 먹으면 의사가 필요치 않을 정도로 건강과 영양에 좋은 식품이라는 뜻이다.

토마토가 빨간 색을 띠는 것은 리코펜이라는 성분에 의한 것으로, 영양면에서 우수하다는 것도 바로 이 빨간색 속에 함유되어 있는 리코펜이 노화의 원인인 활성산소를 억제하는 작용과 함께 강력한 항암효과를 나타내기 때문이다. 특히 유방암과 전립선암, 소화기 계통의 암 예방에 뛰어난 효과가 있다. 토마토를 즐겨 먹는 식습관을 가지고 있는 이탈리아 여성의 경우, 채소 섭취량은 우리나라보다 적지만 유방암에 걸릴 확률은 세계에서 가장 낮고 평균수명은 우리보다 더 높다. 세계 10대 장수촌 가운데 하나인 안데스 산지의 빌카밤바 사람들 역시 토마토를 즐겨 먹는다. 토마토에 있는 리코펜을 효소발효방법으로 추출시켜서 마시면 생체 이용률을 높일 수 있어 생 토마토를 먹는 것보다 더 좋은 효과가 있다. 토마토 생과를 과일처럼 즐길 때 설탕과 함께 먹는 경우가 많은데 설탕이 체내에서 분해되며 토마토의 비타민B를 소모시키므로 그대로 먹는 것이 가장 바람직하다. 설탕대신 소금을 곁들여 먹으면 토마토 속의 칼륨과 균형을 이루어 영양 흡수를 쉽게 하고 토마토의 단맛을 살려낸다. 소금에 들어 있는 나트륨 성분은 칼륨이 해결해 주기 때문에 토마토 효소발효액을 담글 때도 이러한 점을 활용하여 적정 당도와 염도를 계량하여 담그면 명품 토마토 효소발효액을 맛볼 수 있다.

효능

1 **항암작용을 한다.** 카로틴, 리코펜, P쿠마릭산, 클로로겐산이 항산화 작용을 한다.

2 **소화기능을 강화하고 체력증강을 시킨다.** 비타민 A, B₁, B₂, 니코틴산, 칼륨, 인, 엽산, 루틴 등이 소화기능을 강화하고 체력을 증진시킨다.

3 **혈압강하 및 혈액순환 작용과 동맥경화와 간장병 예방, 뇌세포기능을 촉진시킨다.** 펙틴, 비타민 A, C, E, 구연산, 사과산, 글루탐산(Glutamic acid), 아

영양성분

토마토는 전체의 93%가 수분이며 단백질 2.2g, 탄수화물 3.9g, 식이섬유 0.5g, 지방 0.2g. 비타민(㎍): A(92), B₁(30), B₂(30), B₆(80), C(8,000), E(570), P(700), K(4), 카로틴(370), 엽산(22), 판토텐산(170), 니아신(600)과 미네랄(㎎): 칼슘(10), 철분(0.8), 인(24), 칼륨(191), 나트륨(5), 구리(0.06), 마그네슘(9), 아연(0.13), 셀레늄(1.0002)이 함유되어 있다. 또한 유리아미노산 75～80mg을 포함하고 있다.

미노산(γ-amino acid)의 작용으로 혈류를 개선하고, 간·뇌의 세포 기능을 활성화시킨다.

파이토케미컬

강력한 항산화 효과와 활성산소 제거 효과가 있는 토마토의 베타카로틴과 리코펜은 수박, 파파야 등의 과일과 붉은 고추, 당근 등 일부 적색 채소에도 많이 함유되어 있다. 토마토에는 이외에도 강력한 항암물질인 P쿠마릭산, 클로로겐산 등이 풍부한데 P쿠마릭산과 클로로겐산은 우리가 먹는 식품속의 질산과 결합하여 암 유발물질인 니트로소아민으로 변형되기 전에 체외로 배출시킨다. 식물성 생리활성 물질인 파이토케미컬 섭취를 위해 양파, 부추, 사과, 무, 딸기 등의 효소발효액과 함께 마시면 시너지 효과를 얻을 수 있으며 육류와도 잘 어울리는 상생식품이다.

❥ How to Make

고르기

1 항산화 작용을 하는 토마토의 리코펜 성분은 붉은색 속에 풍부하게 들어 있는데 완전히 붉게 익은 뒤 수확한 것이 좋다. 대개 토마토는 덜 익었을 때 수확하여 후숙 과정을 거쳐 유통하므로 가능하면 붉게 익은 것을 고르는 것이 좋다. 방울토마토는 일반 토마토보다 크기는 작지만 잘 익은 것은 당도도 높고 필요 영양소를 모두 가지고 있어 후숙 과정을 거친 일반 토마토보다 빨갛게 익은 방울토마토로 효소발효하면 더 많은 리코펜 성분을 섭취할 수 있다는 장점이 있다. 토마토는 곱게 완숙된 모양으로, 외관상 윤택이 나고 짙은 색이 고르게 퍼져 있으며 무르지 않으면서 단맛이 풍부해야

한다. 꼭지의 절단부분이 싱싱하고 색깔이 선명해야 신선한 것으로 즙이 많고 영양이 좋은 토마토이다. 무엇보다도 유기농, 무농약으로 제철에 노지 재배한 토마토야말로 생과로도 효소발효액으로도 풍미효과가 크다.

담그기

2 흐르는 물에 담가 꼭지를 떼어 내고 채반에 건져 물기가 한숨 빠지게 한 후, 적당한 크기로 자른다. 모든 효소 소재가 세절할수록 발효에 유리한데 토마토의 리코펜은 다지거나 으깨어 사용하면 추출이 더 유리하지만 맑은 액과 소재 건지를 활용하려면 적당한 크기로 잘라서 담그는 것이 좋다. 토마토를 자르는 대로 미리 계량해 둔 설탕을 얹어 가며 바로 담아야 산화를 막고 토마토액 추출과 발효가 용이하므로 자르기 전에 용기와 설탕 등 필요 용품의 준비를 갖추고 작업을 진행해야 한다.

3 별도의 용기에 버무려 담지 않고 소재를 자르는 대로 설탕과 교대로 용기에 담는데 계량한 설탕의 80%만 사용하고 남은 설탕 20%는 설탕이불로 덮어 준다. 천일염을 토마토 5Kg 기준으로 1티스푼(5g) 정도 계량하여 넣는다.

 황금비율

소재(토마토)의 무게 X 0.75 ~ 0.85 = 매질(설탕)량
예) 토마토 5kg X 0.85 = 설탕 4.2kg

＊ 충분히 익지 않은 시기에 수확하여 후숙 과정을 거친 소재는 매질의 양을 추가해 주어야 적정 당도를 유지할 수 있다. 제철이 아닌 토마토의 경우는 매질량을 0.85로 계량한다.

발효와 마시기

4 교반: 담근 당일부터 교반이 가능할 정도로 삼투현상과 발효가 빠르게 진행되므로 매일 1~2회 담근 당일부터 용기 바닥에 가라앉은 설탕이 모두 녹을 수 있도록 교반한다.

5 소재와 원액 분리: 담금일 기준 5~7일

건지를 다른 과일과 믹서기로 갈아 마실 계획이면 원액과 소재를 분리하지 않고 담가 둔 채로 발효를 진행하며 필요할 때마다 덜어내어 사용한다.

6 발효 확인: 담금일 기준 3일

7 마시기: 담금일 기준 3개월 후

다른 소재의 효소발효액과 섞어서 마시거나 건지와 생과일을 함께 믹서에 갈아서 먹으면 식감과 맛이 뛰어나다.

리코펜을 더 효과적으로 먹는 방법

리코펜 성분은 열을 가했을 때 활성화되어 양이 증가하고 흡수율도 더 높아진다. 따라서 토마토 건지를 삶거나 끓이는 등 가열하면 리코펜의 체내 흡수율을 높일 수 있다. 그러나 열에 약한 비타민 C와 기타 다른 약성도 파괴될 수 있다는 점을 감안하여 비트, 매실, 사과, 양파, 부추, 딸기 등의 효소 건지 또는 효소발효액, 생과 등을 기호에 따라 함께 갈아서 주스로 활용하는 것이 가장 좋다. 특히 토마토 건지, 효소발효액과 양파 건지, 효소발효액을 혼합한 쥬스는 맛, 향이 잘 어울리는 건강만점의 기능성 쥬스이다. 기타 양상추와 채소, 양송이, 사과에 토마토 건지를 얹은 샐러드, 식초간장에 담은 토마토 장아찌, 토마토 건지와 고추 효소액을 갈아 만든 토마토 주스, 플레인 요거트와 섞은 토마토 스무디, 소스, 케첩, 퓌레, 페이스트, 토마토 수프, 토마토 피자, 토마토 베이글 샌드위치, 토마토에 샐러리를 넣어 갈아 마시거나 해물 토마토찜, 건조시킨 토마토 정과 등 토마토의 활용은 다양하다.

다섯 가지 맛처럼
다채로운 효능, 오미자

오미자(五味子) : Chinese Magnolia Vine

성질은 따뜻하고 신맛이 강하며 무독하다. 폐와 신장의 부족함을 보하며 갈증을 멎게 하고 오래된 기침병을 치료하며 허하고 피로한 증세를 치료한다. 다섯 가지의 맛을 가지고 있다고 해서 오미자라고 하는데 유기산의 산미, 당의 감미, 정유의 매운맛, 종자의 쓴맛, 껍질의 짠맛을 뜻하지만 신맛이 강해 다른 맛을 감미하기는 어렵다. 오미자는 그 맛만큼이나 효능이 다양해 예로부터 한약재로 사용되어 왔다. 동의보감에는 오미자의 효능에 대해 여윈 것을 보하며, 눈을 밝게 하고 양기를 세게 하여 남자의 정력을 도우며, 술독을 풀고 기침이 나면서 숨이 찬 것을 치료한다고 하였다. 주로 폐와 신장의 증

상, 간 질환, 피로회복 촉진작용, 이담작용, 혈당량 저하에 효과가 있다. 민간
에서는 폐를 튼튼히 하고 기침을 멈추며 가래가 끓고 숨이 차는 증상에 좋아
특히, 노인들의 만성 기관지염과 기관지 확장증세에 많이 사용해 왔다. 탁월
한 효과로 기침을 다스리는 귀신같은 약이라는 뜻의 수신이라고 부를 정도로
기침에 잘 듣는 생약재이며 당뇨인에게도 혈당량을 조절하는 효과가 있다.
오미자는 특유의 향이 어우러진 맛이 있어 여러 가지 요리의 조미와 소재로
활용되며 여성들의 경우 차로 마시면 다이어트 음료로도 좋다. 오미자를 효
소발효하여 마실 때 다른 효소발효액을 혼합하면 독특한 맛과 향, 빛깔을 음
미할 수 있다.

효능

1 **피로회복에 효과가 있다.** 사과산·주석산 등이 풍부하여 이유 없이 찾아오
   는 무기력증과 피로회복에 효과적이다.

2 **만성 간질환 회복과 자양강장에 효과가 있다.** 간 보호, 스트레스성 궤양 예
   방, 각종 세균 억제작용과 자양강장 효과가 있다.

3 **신경쇠약, 불면증, 뇌 기능 안정과 집중력 강화에 효과가 있다.** 정신적, 육
   체적인 활동력이 증진되는 효과가 있다.

파이토케미컬

오미자의 빨간색이 가지고 있는 식물성 생리활성은 심근쇠약과 불면증 등에
효능이 있고 중추신경계의 뇌파를 자극하는 성분이 있어 졸음을 쫓고 과로로
인한 기억력 감퇴 예방에 도움을 준다. 또한 위액 분비를 억제해 스트레스성
궤양을 예방하고 진통작용과 각종 세균에 대해 항균작용을 나타낸다.

영양성분

단백질, 칼슘, 인, 철, 비타
민B₁, 사과산, 주석산(tartaric
acid), 말레인산(malic acid)등
유기산, 리그닌 화합물, 정유,
비타민C, 철, 망간, 인, 칼슘,
시잔드린(Schizandrin), 고미
신(Gomisin) A~Q, 시트랄
(Citral), 시트르산(Citric acid),
지방유, 베타-카미그린(β
-chamigrene) 등으로 구성
되어 있다.

고르기

1 붉게 완숙된 것을 선택하되 무른 것은 조직이 허물어져 발효액이 탁해질 우려가 있다. 냉장보관한 오미자나 건오미자도 발효할 수 있으나 생과가 유리하며 가능한 무농약, 유기농으로 재배한 농가의 것을 구매하는 것이 좋다.

담그기

2 구매 또는 배송 받는 즉시 흐르는 물에 담가 꼭지를 떼 내며 가볍게 씻어 채반에 건져 물기가 한숨 빠지게 한 후에 담는 것이 좋다. 꼬투리와 줄기를 잘라내면 쓴 맛과 떫은 맛을 줄일 수 있으며 과육이 무를 정도로 과숙된 것은 씻지 않고 담는 것이 표면의 미생물을 보존하고 과즙이 빠지지 않아 발효에 유리하다. 발효에 유리하도록 오미자를 터뜨려 사용할 수도 있으나 맑은 액과 원액분리를 용이하게 하려면 생과 원래의 소재 상태로 담는 것이 좋다.

3 소재를 씻어 물기가 제거되는 대로 설탕과 교대로 용기에 담거나 별도의
용기에 한꺼번에 버무려 담는다. 한꺼번에 버무려 담으면 발효가 빠르고
유리하다.

 황금비율

소재(오미자)의 무게 X 0.75 = 매질(설탕)량
예) 오미자 5kg X 0.75 = 설탕 3.75kg
※ 오미자의 약성을 위해 충분히 익지 않은 소재를 사용할 경우에는 후숙 과정을 거치지 않고 담아야 하며
매질의 양을 추가해 주어야 발효에 필요한 적정 당도를 유지할 수 있다.

발효와 마시기

4 소재와 원액 분리: 담금일 기준 7~10일

오미자의 건지를 활용할 계획이 없어 원액과 소재를 분리하지 않고 오랫동
안 담가 둔 채로 발효를 진행하거나 원액분리가 늦어지면 역삼투압에 의해
발효액이 부족해지고 씨에서 우러난 쓴맛과 떫은맛은 효소발효액의 맛을
더 떫고 쓴맛이 나게 한다.

5 발효 확인: 담금일 기준 5일 이내

6 마시기: 담금일 기준 3개월 후

너무 자주 마시거나 지나치게 많이 복용하면 오미자의 약성이 허열(虛熱)
을 일으킬 수 있기 때문에 좋지 않다. 속이 찬 사람에게는 도움이 되지만,
감기 등으로 몸에 열이 있는 경우에는 일시적으로 마시는 것을 피하는 것이
좋다. 무독하나 잦은 음주 상태에서 장복할 경우 속이 불편해지고 소화력이
저하된다. 또한 체열이 많거나 위, 십이지장 궤양, 불안정한 고혈압 환자
등은 주의가 필요하다.

오미자를 오미자답게 먹는 방법

1. 건지를 활용한 오미자 화채

건지에 생수를 1 : 1로 부어 냉장고에서 하루 저녁 우려내면서 2차 발효를 진행하면 오미자 화채 원액을 만들 수 있다. 오미자를 걸러내고 좋아하는 생과일을 썰어 넣고 잣, 호도 등을 띄우면 갈증 해소에 탁월한 오미자 화채가 된다. 신맛이 강하고 단맛이 부족한 듯 싶으면 적당량의 꿀이나 다른 과일 효소발효액을 섞어 기호에 맞게 마시면 된다.

2. 오미자 술

오미자 건지에 동량의 소주(35도)를 부어두면 빛깔 고운 오미자주로 변신하는데 생과로 담은 오미자주는 두통을 수반하지만 발효시킨 건지를 활용한 오미자주는 뒤끝이 깨끗하여 숙취가 없다. 열매이름에 자가 따라오는 오미자, 구기자, 토사자 등은 대체로 간과 신을 보하는 것으로 자양강장의 효과를 가지고 있어 건지를 과일주로 활용하면 정력에 좋은 술을 얻을 수 있다.

3. 오미자 요거트와 오미자 라떼

발효시킨 건지의 씨를 분리하여 우유에 섞어두면 우유의 텁텁한 맛은 사라지고 새콤하고 맛있는 요거트가 된다. 또 간식거리로 씨를 분리한 건지를 꿀, 얼음, 우유와 믹서기에 함께 갈아내면 건강도 지키는 훌륭한 오미자 라떼가 된다.

4. 오미자 샐러드

양상추, 샐러리, 새싹채소 등 샐러드용 모둠 채소에 요거트 1통, 오미자 건지와 오미자 효소발효액이나 다른 과일 효소발효액을 조금 넣어 섞으면 오미자의 상큼한 맛이 어우러진 샐러드를 즐길 수 있다.

캡사이신의 힘,
고추

고추: 번초(蕃椒), 당신(唐辛), Chili pepper

한국인의 한 해 1인당 고추 소비량은 4kg으로 세계 최고 수준이다. 한국인들이 일본인에 비해 '이질'에 덜 걸리는 이유는 고춧가루가 풍부하게 들어간 매운 음식 때문이라는 의견이 있다. 고추에서 가장 주목해야 할 성분은 매운맛을 내는 캡사이신 성분이다. 고추의 매운맛은 과피나 고추씨와는 크게 관계가 없다. 캡사이신은 과피 안의 씨를 매달고 있는 '태좌'에 몰려 있다. 한 조사에 따르면 풋고추를 기준으로 했을 때 태좌에 96.9%의 캡사이신이 함유돼 있고, 나머지 1.7%는 과피, 1.4%는 씨(종자)에 들어 있다고 한다. 고추는 서리 내리기 직전에 채취한 것이 약성과 발효가 우수하고 건지 활용면에서도 유용

하다. 11월 늦은 가을은 농약에 의한 피해도 최소화할 수 있는 시기이며 가지 하나에 청·홍고추가 함께 달려있어 같은 소재를 빛깔을 달리하여 담글 수 있다. 효소발효액도 충분하고 고추 특유의 맛과 향이 짙어 이 시기의 끝물 고추가 가장 좋은 소재이다. 고추는 삼투압 추출이 용이하고 효소발효액과 건지의 활용범위가 다양해 효소발효에 적합한 소재이다.

효능

1 식욕을 증진시킨다. 고추의 매운맛이 위산 분비를 촉진하고 입 안과 위를 자극해 입맛을 되찾아 준다.

2 혈액순환을 촉진해 신경통을 치료한다. 캡사이신이 혈액순환을 촉진해 혈액의 흐름이 좋지 않아 생기는 신경통 치료에 도움을 준다.

3 비만을 예방하는 감비(diet)효과가 있다. 캡사이신이 체지방을 분해하고 지방을 연소시킨다.

파이토케미컬

고추 특유의 매운맛 성분은 알칼로이드의 일종인 캡사이신의 작용 때문이다. 식욕증진과 보온효과, 장내 살균작용 그리고 기름의 산패를 막고 유산균의 증식을 돕는 기능과 함께 항산화효과와 항염효과가 뛰어나다. 고추가 빨갛게 익으면서 파이토케미컬 성분인 카로틴이 지방산과 결합하여 캡산틴(capsanthin)으로 전환되어 다양한 생리효능을 나타낸다. 비타민A의 모체인 베타카로틴은 항암작용과 세포노화지연, 피부건강, 폐암예방의 효과가 있다. 아직 덜 익은 푸른 청고추에도 당근, 토마토에 견줄만큼 베타카로틴이 풍부하다.

고르기

1 무농약, 유기농으로 재배한 것을 선택하여 담그는 것이 효소발효 소재 선택의 기본이다. 크기와 모양이 일정한 것으로 곧고 크며 깨끗하고 윤기가 있으며 색깔이 짙은 녹색의 청고추나 붉은 숙성과로 마르지 않은 홍고추를 사용한다. 껍질이 매끈하고 두꺼우면서 연한 것이 좋은데 두꺼운 것이 첫물(처음 수확 고추)로 씨가 적고 단맛이 있다. 얇은 육질에 씨가 많고 색깔이 선명한 것은 끝물일 가능성이 높다. 푸른색의 청고추인 풋고추도 효소발효 소재로 사용할 수 있으나 보통 8월~11월에 수확하는 것으로 담근다. 오히려 끝물 수확(10월 말~11월경)은 농약의 피해를 최소화할 수 있고 청 · 홍고추를 모두 얻을 수 있어 유리하다. 서리 내리기 직전, 11월에 포기째 뽑아 수확한 물고추가 청 · 홍고추 모두 영양과 수분이 많고 청량감이 있어 효소 소재로 가장 좋다.

담그기

2 전초를 모두 사용할 수 있으므로 줄기, 잎을 분리 · 세척하고 잎과 줄기는 따로 담는다. 잎과 줄기를 분리하여 씻은 후, 각각을 설탕에 버무리는데 줄기 부분은 잎과 구별하여 썰어 설탕에 버무려 따로 삼베망에 넣어 담는다.

3 고추열매는 물기만 흘려보내는 정도로 가볍게 씻어 채반에 받쳐 둔다. 어느 정도 물기가 빠지면 꼭지를 따고 2~3 토막의 일정한 크기로 가위나 칼, 손으로 소재와 설탕을 버무리기 좋은 정도로 자른다. 자르지 않고 통고추로 사용하고 싶으면 포크 등을 이용하여 구멍을 내어 담근다.

4 줄기와 잎은 특별하게 구한 무농약, 유기농 소재가 아니면 사용하지 않는 것이 좋으므로 주로 청고추, 홍고추만 사용하는 것이 좋다.

tip

청 · 홍고추 분리 발효와 설탕이불 덮기

청고추와 홍고추를 분리하여 개별 용기에서 발효시켜야 고유한 빛깔을 얻을 수 있다. 계량된 설탕의 80%만 소재와 버무려 담고 남겨둔 설탕 20%는 맨 위에 설탕이불이 되도록 부어 주는데 고추의 삼투압과 발효가 다소 늦으므로 용기 가장자리의 설탕이불을 좀 두껍게 하고 중앙 부분을 얇게 하는 것이 좋다.

고추의 비타민C

고추에는 감귤의 2배, 사과의 30배 정도로 비타민C가 많이 함유되어 있어 한여름 더위에 지칠 때 먹는 풋고추 한 두 개가 피로를 회복시키고 활력을 주게 된다. 특히 고추의 비타민C는 캡사이신(capsaicin) 때문에 쉽게 산화되지 않아 조리과정에서 다른 채소류보다 손실량이 적은 특징이 있다.

황금비율

고추 줄기 + 잎의 무게 X 0.85 = 매질(설탕)량

고추 열매(청고추)의 무게 X 0.85 = 매질(설탕)량

고추 열매(홍고추)의 무게 X 0.82 = 매질(설탕)량

* 청고추의 당도보다 홍고추의 당도가 약간 높고 소재에 따라 각기 당도가 다른 것을 감안하여 계량한 수치이다.

발효와 마시기

5 교반: 고추열매는 삼투현상이 다소 느리기 때문에 대략 3~4일 후부터 삼투현상이 나타나므로 용기 바닥에 가라앉은 설탕이 잘 녹을 수 있도록 교반하며 고추액이 충분히 우러난 후부터는 매일 교반하여야 한다.

6 소재와 원액 분리 : 담금일 기준 2주일

줄기와 잎의 삼투는 5일 정도면 완성되므로 고추열매보다는 빨리 원액과 건지를 분리해야 한다.

7 발효 확인 : 담금일 기준 10일

고추열매의 발효는 삼투현상과 함께 발효환경의 온도와 소재의 당도 등에

따라 차이가 있어 교반, 원액 분리, 분리 후의 교반 등을 잘 관찰하며 진행하는 것이 좋다. 특히 건지를 거르지 않고 두면 추출된 고추발효액 속에 잠기지 않은 건지의 표면에 뜸팡이가 발생할 수 있으므로 잠긴 상태로 관리하며 교반해 주어야 한다.

8 마시기: 담금일 기준 3개월 후

음식 소스나 조미료 또는 기타 요리 소재로 활용하는 것은 원액 분리 이전의 발효 중에도 가능하다. 원액과 분리해 낸 고추열매 건지는 소재 그대로 또는 믹서기에 갈아서 밀폐 용기에 담아 냉장보관하면 숙성된 맛을 갖게 되어 필요에 따라 다양하게 사용할 수 있다. 고춧잎은 건지 본래 상태로 보관하는 것이 활용에 유리하다.

COOK

고추 소스 개발을 통한 독창적 음식활용

생고추, 고춧가루를 상온의 공기 중에 방치해 두면 고추 특유의 캡사이신이 증발하고 베타카로틴도 파괴되므로 밀봉하여 냉동보관하는 것이 좋다. 태양초 씨를 제거하여 잘게 찢어 볶지 않은 생 들기름이나 올리브유에 담그면 고추의 영양성분이 기름에 용해되고, 캡사이신이 기름의 산패를 막아 장기보관에 유리한 페퍼 플레이크 오일(red pepper flake oil)을 만들 수 있다. 태양초를 이용한 페퍼 플레이크 오일은 매운맛은 줄고 선명하게 붉은 빛깔의 고추기름으로 국수, 냉면, 육류음식의 소스 등에 요긴하게 활용된다.

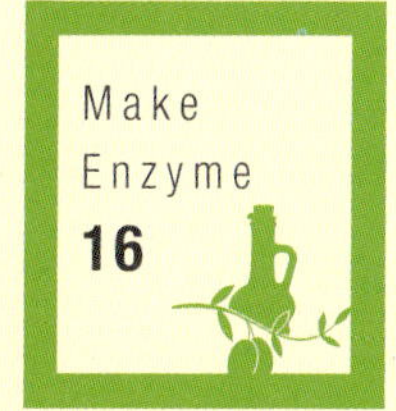

후숙과일의 탁월한 영양밀도, 키위

참다래: 키위(kiwi), 양도(楊桃)

'키위 프루트(kiwi fruit)' 또는 '키위'라는 명칭은 뉴질랜드의 국조인 키위새와 키위 프루트가 외형상 털 모양이나 색깔 등이 매우 닮아 붙여진 이름이다. 우리나라에는 1974년에 도입되어 제주도 및 남해안 지역의 일부 농가에서 재배되기 시작하면서 우리나라 토종 다래와 구별하여 양다래란 이름으로 통용되어 오다가 1997년 참다래로 개칭하여 일반화되면서 현재에 이르고 있다. 참다래는 양다래와 토종 다래나무속 식물을 교배시켜 만든 품종으로, 지금도 다른 나라에서 생산된 것은 양다래 또는 키위란 이름으로 참다래와 구별하여 부른다. 키위에는 골드와 그린 키위 두 종류가 있는데 골드 계통의 맛은 약간

달고, 그린 키위는 새콤한 맛이 난다. 우리나라의 대표적인 참다래는 그린 키위로 수확 당시는 과육이 단단하고 신맛을 내며 함유된 성분 중 칼슘 옥살레이트크리스탈이 아주 강한 아린 맛으로 자극하기 때문에 수확 즉시 생과로는 먹을 수가 없다. 수확 후, 충분한 숙성기간을 거쳐야 신맛과 아린 맛이 줄어들기 때문에 참다래는 후숙과일로 분류되며, 구입 즉시 먹지 않고 약간 후숙하여 먹으면 4味(딸기, 오렌지, 파인애플, 바나나)의 맛을 지닌 기능성 건강과일로 특별한 맛을 즐길 수 있다. 효소발효시에는 후숙과정을 거쳐 효소활성과 당도가 높아진 소재로 껍질째 함께 담글 수 있는 것이 좋다. 키위는 퀴닌산, 사과산, 시트르산 등의 10종이 넘는 유기산을 포함하고 있어 비타민을 비롯한 영양물질의 보고 차원을 넘은 건강 유지를 위한 필수 식품이다.

효능

1 **심혈관 질환과 암을 예방한다.** 파이토케미컬의 항산화 효과로 면역력 증대와 항암 작용에 탁월하다.

2 **임산부와 태아 건강에 좋다.** 엽산의 역할로 신경세포를 건강하게 하고 조혈작용을 하며 빈혈 치료에 효과적이다.

3 **혈압조절 및 동맥경화 예방과 콜레스테롤 증가를 억제한다.** 칼륨과 폴리페놀의 영향으로 체내 독소 배출 및 고혈압을 조절하고, 체중감량의 효과까지 있다.

파이토케미컬

참다래는 면역기능과 항암작용에 뛰어난 아스코르빅산인 비타민C와 비타민E, 폴리페놀 등 암 예방에 절대적인 항산화물질과 다당체를 듬뿍 가지고 있다. 키위의 주산지인 뉴질랜드에서는 키위에 풍부하게 들어 있는 엽산 때문

tip
영양성분

키위는 미국 예일대의 식품 영양가치 조사에서 100점 만점을 얻은 식품으로 과일 중에서 영양소 밀도(하루 필요량에 대한 영양소 기여도)가 가장 높아 배, 사과, 포도, 바나나, 오렌지, 망고, 딸기, 레몬보다 우수하다. 칼슘, 마그네슘, 아미노산, 글루탐산, 루이신, 엽산을 풍부하게 함유하고 있다.

에 임산부들에게 섭취를 권하고 있다. 엽산은 신경세포를 만들어 내는 데 중요한 역할을 하는 물질로 임신 중 엽산을 충분히 섭취하면 기형아 출산 위험을 79~84% 정도 줄일 수 있다는 연구결과가 있다. 엽산 섭취로 아이가 백혈병에 걸릴 확률이 5분의 1로 낮아지고 엽산의 조혈작용으로 임산부의 빈혈을 없애주는 기능도 가지고 있다. 폴리페놀의 일종인 퀘르세틴은 비타민C와 함께 대표적인 항산화물질로, 사과의 3배, 오렌지 및 포도의 2배나 된다.

How to Make

일반과실은 과육에 살이 오르는 비대성숙이 마무리되는 단계가 되어 생리적 성숙기에 도달하면 영양분이나 수분 공급과 무관하게 향과 감미를 가지며 과일 껍질의 색깔이 변화하는데 키위는 수확할 때까지 이러한 변화가 없다. 수확당시에는 당도도 낮고 칼슘 옥살레이트크리스탈이라는 물질의 자극으로 강한 아린 맛이 있어 먹을 수 없으므로 반드시 후숙이라는 과정을 거쳐야 비로소 먹을 수 있다.

고르기

1 참다래(키위)는 다 익었을 때 수확하는 과일이 아니라, 과육이 딱딱할 때 수확하여 후숙과정을 통해서 익히는 과일이므로 살짝 눌러봐서 탄력이 있으나 약간 부드러운 것이 좋다. 과육이 아직 딱딱하여 덜 익은 상태라면 실온상태에서 며칠간 보관하여 자연스럽게 숙성을 진행시켜서 사용하는데 바나나 혹은 사과와 함께 비닐봉지에 넣어 보관하면 후숙과정이 빨라진다. 박스상태로 대량 구매하였을 때도 냉장고에 넣지 말고 실온에서 숨구멍을 뚫은 비닐봉지에 담아서 과육이 마르는 것을 예방하며 후숙시키는 것이 좋다. 냉장보관 상태로 두면 후숙이 진행되지 않게 유지할 수 있어 장기보관도 가능하다. 효소발효 소재로는 후숙이 진행된 것이 당도가 높아 매질을 적게 사용할 수 있어 효소활성에 유리하므로 후숙 후의 당도가 14brix 이상 된 것을 선택한다. 6.8brix 정도에서 수확하기 때문에 대략 4주 정도의 유통과정에서 후숙이 되면서 14brix의 당도를 갖게 된다.

담그기

2 면역력 증진에 기여하는 폴리페놀과 다당체는 참다래의 껍질에 풍부하고 다른 과일에 비해 농약 등에 의한 피해 염려가 없는 과일이므로 껍질 부분까지 모두 사용하기 위해 껍질의 털을 제거하는 것이 좋다. 먼저 꼭지 부분을 잘라내고 물에 담가 씻으면서 표면의 털을 수세미로 문지르듯이 제거하거나 양파망에 넣어서 치대듯 씻는다. 참다래는 과육과 함께 씨까지 먹는 과일이므로 씨를 따로 제거할 필요는 없다. 오히려 생명에너지를 비축한 씨에는 건강에 유익한 성분을 다량 함유하고 있다.

3 털을 제거한 후, 껍질은 벗겨서 별도의 삼베망에 담는다. 털을 잘 제거한 껍질은 식감이 그다지 떨어지지 않으므로 껍질째 절단하여 담아도 무방하며 오히려 원액 분리시기를 가늠하기 좋고, 건조시 과육의 형태가 보기 좋게 유지될 수 있다. 그러나 건지 활용시, 다른 소재와 함께 조화시킬 때는 껍질을 벗긴 것이 유리하다. 절단 크기는 건지 활용도에 따라 자르는데 크게 양분하여 사용하여도 참다래액 추출은 무리없이 진행되므로 편리한 대로 잘라서 담근다.

4 참다래는 효소발효 활성이 왕성하므로 발효 중 끓어 넘치는 일이 없도록 소재의 양은 용기의 2/3를 넘지 않게 한다. 과육과 설탕을 교대하여 차곡히 담는데 계량된 설탕의 80%만 사용하고 남겨둔 설탕 20%는 설탕이불이 되도록 덮어 준다.

황금비율

소재(껍질 포함)의 무게 X 0.62 ~ 0.65 = 매질(설탕)량
참다래의 무게 5kg X 0.62 ~ 0.65 = 3.1kg ~ 3.25kg(설탕량)

* 참다래의 후숙 정도에 따라 당이 달라지므로 현재의 당을 기준하지 말고 발효과정에서 당이 높아질 것을 고려하여 계량하는 것이 좋다.

5 소재와 원액 분리: 담금일 기준 5~7일 이내

담근 당일부터 삼투현상과 효소발효가 진행되므로 껍질을 벗긴 것은 5일 전후, 껍질 째 사용한 것은 7일 전후에 소재와 원액을 분리한다. 따로 삼베 망에 넣어서 담근 껍질은 2일~3일 더 두었다 건져 낸다.

6 발효 확인 : 담금일 기준 1일

7 마시기 : 담금일 기준 3개월 후

새콤달콤 키위 드레싱

건지를 생과일처럼 먹을 수 있으며 음식에 다양하게 활용할 수 있다. 연육 작용 성분을 이용해 고기를 재울 때 사용하거나, 새콤달콤한 맛을 주스나 드레싱 또는 소스에 활용해도 좋다. 가루옷을 입혀 바삭하게 튀기면 후식이나 간식으로 최고의 별식이 된다. 여러 가지 채소에 참다래 건지와 효소발효액을 드레싱하면 특별한 맛의 한식 샐러드를 만들 수 있다. 감자, 무, 양파, 노각 등과 어울린 샐러드나 샌드위치로도 좋으며, 고기나 생선요리 소스에 참다래의 새콤한 맛이 잘 어울린다. 볶음요리를 불에서 내리기 직전에 참다래 건지를 얹어 함께 사용하면 참다래의 맛과 함께 과육건지에 함유된 폴리페놀과 다당체를 쉽게 섭취할 수 있다. 그밖에도 요리장식, 잼, 아이스크림, 요거트, 유제품, 와인 등에 활용할 수 있으며 피부미용을 위해 팩으로 사용할 수도 있다.

가고시마 노인들의 장수비결,
고구마

고구마: 감서(甘薯), 번서(番薯), sweet potato

서늘한 성질에 단맛을 가지고 있는 고구마는 미국공익과학센터 CSPI에서 '최고의 음식 10가지' 중 첫 번째로 꼽은 식품이다. KBS '생로병사의 비밀'에서도 고구마가 얼마나 몸에 좋은지 집중 분석한 내용이 보도되기도 하였으며 장수촌으로 유명한 일본 가고시마 노인들의 장수 비결 역시 고구마로 알려져 있다. 주식을 대신하던 구황작물에서 혈관은 젊게, 혈압은 낮게 해 주는 웰빙 건강식품으로 주목받으며 새롭게 떠오르고 있는 고구마는 성인병 예방에 꼭 필요한 식품이다. 고구마는 채소 및 과일의 식물섬유 가운데 콜레스테롤 흡착력이 가장 뛰어나 혈중 콜레스테롤의 농도를 적절히 유지시켜 주고 각종 발암물질과 대장암의 원인으로 지목되고 있는 담즙 노폐물, 콜레스테롤, 지방까지 흡착해서 체외로 배출하는 능력이 매우 뛰어나다고 보고되어 있다. 생고구마를 잘랐을 때 나오는 수지배당체인 하얀 수지성분의 진액 '야라핀'이 배변을 돕고 정장과 변비에 매우 효과적으로 작용하여 대장암과 변비를 예방하고 치료하는 데 크게 도움이 된다. 동시에 배변을 좋게 하기 때문에 피부 트러블의 원인을 해소시켜 피부건강에도 좋다. 고구마는 알칼리성 식품으로 콩, 토마토와 함께 칼륨(100g당 460mg)이 많이 함유되어 있어 몸속에 남아있는 나트륨을 배출하여 항상성을 유지시키고 고혈압 등 성인병을 예방하며 뇌졸중을 막는 효과가 있다. 또한 고구마에는 위암과 폐암을 예방하는 것으로 알려진 베타카로틴이 풍부하게 들어 있다. 암세포의 증식을 억제하고 세포를 노화시키는 활성산소를 제거하는 항암 성분인 베타카로틴, 안토시아닌 등의 파이토케미컬이 고구마의 껍질에 들어 있다. 고구마를 먹으면 가스가 차는 기분이 들고 생목이 오르기도 하며 방귀가 잦아지는데 이는 고구마의 성분 중에 포함되어 있는 '아마이드'라는 물질이 이상 발효를 일으키기 때문이다. 이 아마이드 성분의 중화를 위해 펙틴이 풍부한 사과나 김치, 동치미 등을 함께 먹으면 가스가 차는 것을 막을 수 있다. 고구마 효소발효액과 펙틴이 풍부한 사과 효소발효액 또는 무 효소발효액은 서로 시너지 효과를 낼 수 있는 궁합이므로 마실 때 기호에 맞게 혼합하여 먹으면 좋다.

효능

1 **항암 및 성인병을 예방한다.** 알칼리성 식품으로, 베타카로틴 등의 파이토케미컬과 칼륨, 식이섬유가 풍부하여 항암 및 대사성 질환에 효과가 있다.
2 **만성변비 치료와 정장작용을 한다.** '야라핀(yarapin)'과 식이섬유가 배변을 도와 정장작용과 변비에 효과가 있다.

3 **피부미용과 다이어트에 좋다.** 배변을 좋게 하기 때문에 피부 트러블의 원인을 해소하고, 포만감이 있어 원푸드 다이어트의 소재가 되기도 한다.

번서등(藩薯藤)

고구마는 잎과 줄기, 뿌리까지 전초를 모두 식용하는 작물로 잎과 줄기를 번서등이라고 하며 효소발효액을 만들 때 줄기와 잎을 함께 사용하는 것이 좋다.

파이토케미컬

고구마의 껍질과 고구마에 많이 함유되어 있는 베타카로틴, 안토시아닌 등의 파이토케미컬 성분은 피부와 장기를 둘러싸고 있는 상피조직의 세포가 딱딱하게 변질되는 것을 막아 준다. 베타카로틴은 비타민C와 함께 있을 때 효과가 더 커지는데 고구마에 풍부하게 함유된 비타민C(100g당 25㎎)는 전분질에 쌓여 있어 조리시 가열하여도 일부만 파괴되고 대부분은 섭취할 수 있어 피부미용에 탁월한 효능이 있다.

고르기

1 껍질의 색이 선명하고 모양이 매끈하며 상처가 없이 단단한 것이 좋고 껍질에 검은 반점이 많은 것은 상했을 확률이 높다. 잔털이 없고 황토 흙에서 자란 것으로 수확 후 1개월 정도가 지나야 당도가 적당하게 증가된다. 고구마 줄기의 수확은 5~10월로 고구마와 따로 담았다가 원액을 합방하는 것이 좋다. 고구마는 8~10월에 수확하는데 서리가 내린 후에 수확한 것은 상할 확률이 높으므로 오래 두지 말고 효소발효시키는 것이 좋다. 일주일 이상 장기 보관이 필요한 경우에는 습기 없는 서늘한 곳이나 냉장보관하고 보관장소를 자주 옮기게 되면 상할 우려가 있으므로 되도록 한 자리에 보관하는 것이 좋다.

담그기

2 뿌리와 잎, 줄기를 분리·세척하여 뿌리와 잎, 줄기를 따로 담근다. 잎과 줄기는 씻은 후, 적당한 크기로 잘라 설탕에 버무려 담는데 건지 활용·계획에 따라 절단 크기를 결정한다.

3 뿌리를 씻을 때는 흙을 잘 닦아내고, 흐르는 물기가 사라진 정도에서 크기와 용도에 따라 자른다. 고구마 효소발효액 담그기는 주로 뿌리부분만 사용하여 담는 경우가 일반적인데 뿌리를 슬라이스로 잘라서 담는 것이 건지 활용에 유리하다. 채칼을 이용하여 얇게 슬라이스로 자르거나 모양을 고려하여 자르면 소재를 거른 후, 다양한 용도의 식소재로 활용할 수 있어 좋다. 자색고구마와 황색고구마를 혼용하지 말아야 자색고구마의 고운 빛깔을 살려낼 수 있으므로 색깔이 다른 고구마는 섞어서 담그지 않는 것이 좋다. 준비된 고구마의 잎, 줄기가 없으면 고구마 뿌리로만 담아도 훌륭한 효소발효액을 얻을 수 있다.

4 잎과 줄기는 별도로 버무려 다른 용기에 담아 발효시키며 담금 5일 이내에 원액을 분리하여 나중에 고구마 뿌리를 발효시킨 원액과 합방시켜 발효를 진행하는 것이 건지활용과 효소발효액 품질유지에 유리하다.

 황금비율

고구마의 줄기 + 잎의 무게 X 0.75 = 매질(설탕)량
고구마 뿌리의 무게 X 0.65 = 매질(설탕)량
예) 저장기간 2개월의 고구마(뿌리) 무게 5kg X 0.2(2개월) = 1kg(생수)
　　소재 5kg X 0.65 = 3.25kg
　　생수 1kg X 0.85 = 0.85kg
　　설탕량 = 3.25kg + 0.85kg = 4.11kg

5 소재와 원액분리: 담금일 기준 7일 전후

따로 담궈두었던 잎과 줄기의 원액도 함께 섞어 발효시킨다.

6 발효 확인: 담금일 기준 2~3일

7 마시기: 담금일 기준 3개월 후

고구마 효소발효액의 맛은 약간 신맛을 느끼게 하므로 발효가 잘못된 것으로 오해할 수 있다. 자색고구마는 신맛이 덜하고 생고구마보다 효소발효 후의 맛이 더 좋아진다. 마실 때 사과, 무 등의 효소발효액과 섞어서 마시면 맛과 함께 효과도 좋게 할 수 있으므로 기호에 따라 적절히 희석하여 함께 마시는 것이 좋다.

상상하는 어떤 요리든지 가능하다!

고구마 말랭이, 고구마 과일 쉐이크, 고구마 수프, 고구마 치즈 만두, 고구마 치즈 그라탱, 고구마 파이, 고구마 튀김, 고구마 카레, 고구마 양파 돼지고기 볶음, 고구마 맛탕, 발효 고구마 채무침, 발효 고구마 김치, 고구마 조청 등 그 활용은 다양하다. 고구마는 칼로리가 높으므로 과식을 주의해야 하며 고구마 케이크나 고구마 아이스크림 등과 같은 경우에는 칼로리가 더 높아지는 것을 유념해야 한다. 고구마의 주성분은 녹말로 이루어져 있어 익히면 소화흡수에 유리하고 맛도 좋아지므로 건지 활용시, 소화기능이 약한 사람은 익혀서 사용하는 것이 소화에 좋고 맛도 좋아진다. 또한 아마이드에 의한 이상발효를 막기 위해서 펙틴이 풍부한 사과 효소발효액이나 무 효소발효액 또는 사과, 김치, 동치미 등과 함께 먹는 것이 좋다.

🥣 고구마 라떼

고구마 건지를 건져내 찐 다음, 믹서기에 두유와 함께 넣고 간다. 미지근한 상태에서 사과 효소발효액을 섞고 시나몬가루, 잣, 견과류와 계피가루를 얹어 만드는 따뜻한 고구마 라떼는 바쁜 아침시간에 훌륭한 건강식이 된다.

🥣 고구마 계란빵

건지를 얇게 채 썰어 머핀 틀에 깔아 1차 구워낸 고구마 위에 생계란을 노른자가 깨지지 않게 넣고 파슬리, 견과류, 블루베리, 허브 등을 얹어 모양을 낸 뒤에 입맛에 맞게 소금을 뿌려 다시 한 번 구워낸다.

🥣 고구마 치즈 크로켓

고구마 건지를 건져내 찐 것을 으깬 후에 견과류 약간과 찹쌀가루를 넣고 주물거려 아기 손바닥만한 둥근판을 만든다. 만두 속처럼 속에 치즈를 넣고 밀가루 옷을 입혀 계란물에 담갔다가 빵가루에 뒹굴린 것을 튀겨내면 담백하고 고소한 고구마 치즈 크로켓이 된다.

🥣 고구마 치즈 해시 브라운

고구마 건지를 채 썰어 감자전분과 소금 약간, 그리고 바질 등 허브를 넣어 뒤적여 섞는다. 후라이팬 위에 적당한 넓이의 크기로 얇게 깔아 놓고 그 위에 모짜렐라치즈를 뿌리듯 얹는다. 다시 채 썬 고구마를 얇게 얹어 앞뒤로 구워 익힌다. 고구마가 덜 익어도 발효시킨 소재이기 때문에 오히려 씹히는 식감이 맛있다. 취향에 따라 양파 효소발효액 건지를 함께 사용해도 좋다. 사과 건지나 효소발효액을 응용한 소스와 함께 먹으면 금상첨화의 고구마 치즈 해시 브라운을 맛볼 수 있다.

🥣 고구마 양갱

한천가루를 물에 불려 끓인 다음 미지근한 한천물에 조청용으로 삶은 고구마 건지를 으깨어 한 번 더 끓인다. 잣, 호두 등을 넣고 함께 섞으며 끓여서 식힌 후에 사과 등의 효소발효액을 적당량 첨가하며 양갱몰드나 모양이 있는 용기에 부어서 굳히면 맛있는 건강 양갱이 된다.

🥣 고구마 만주

고구마 조청 만들기에 사용하고 남은 건지를 껍질을 벗겨 으깨어 놓고 호두, 땅콩가루 등과 섞어 반죽한다. 반죽된 고구마를 적당한 크기로 떼어 베포에 싸서 뭉쳐 낸다. 만두처럼 모양을 낸 만주에 잣, 건포도, 파슬리, 허브 및 기타 녹색 샐러리 등으로 장식을 하면 어디서도 맛보기 어려운 귀한 만주가 된다.

발효 고구마 김치는 특별한 맛과 함께 기능성 약용김치의 진가를 발휘할 수 있는 별식이다. 고구마의 아마이드(amide) 성분에 의한 이상발효는 김치 발효과정에서 억제되고 야라핀(yarapin) 성분에 의한 정장작용과 배변을 돕는 역할로 변비에 효과적이다. 대장암을 예방하고 치료하는 데 크게 도움이 된다. 함께 사용하는 사과, 청경배추 등이 고구마의 식이섬유소와 함께 숙변을 제거해 피부 트러블의 원인을 해소시켜 피부건강에도 유효한 미용 김치이다. 또한 고구마 김치는 알칼리성 식품으로 칼륨을 많이 함유하고 있어 체내의 나트륨을 배출시켜 항상성(homeostasis)을 유지하고 고혈압 등 성인병을 예방하며 뇌졸증을 막는 효과가 있다.

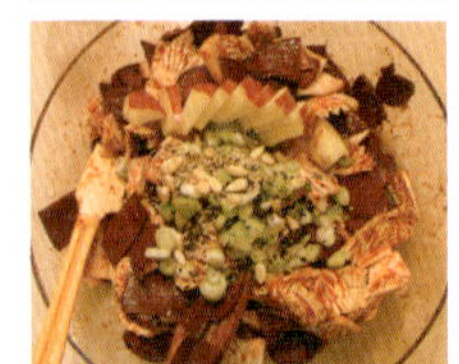

❶ 고구마 효소발효 건지를 원액과 분리하여 거른다.

❷ 걸러 낸 건지를 물에 살짝 헹구어 채반에 받쳐 놓는다.

❸ 찹쌀풀(또는 수수밥)을 쑨다.

❹ 찹쌀풀(또는 수수밥)에 마늘, 생강 효소발효 건지, 고춧가루를 넣고 믹서기에 간다.

❺ 찹쌀풀(또는 수수밥)에 까나리액젓(또는 멸치액젓)으로 간을 맞추고 황매실 효소발효액과 섞는다.

❻ 청경배추(또는 속배추)와 고구마 건지, 사과, 잣, 통깨, 파 등과 찹쌀풀을 함께 버무리고 천일염으로 부족한 간을 보충한다.

❼ 발효된 건지이기 때문에 즉시 먹을 수 있으나 하룻저녁 재운 후 먹으면 소재가 어우러져 깊고 풍부한 기능성 약용 고구마 김치의 맛을 즐길 수 있다. 자색고구마를 이용하면 빛깔도 아름다워 눈으로도 김치의 맛을 느낄 수 있다.

❽ 발효 고구마 건지와 사과를 채썰기 하여 무침을 만들어도 최상의 궁합으로 간편하게 먹을 수 있는 기능성 반찬이 된다.

사랑을 촉진하는 슈퍼스타,
호박

늙은 호박: 남과(南瓜), Pumpkin

호박은 2002년 타임지가 선정한 10대 건강식 중 하나로 뽑혔다. 2004년에는 식품과 인체 노화 분야의 권위자인 미국의 스티븐 플랫 박사에 의해 14가지 슈퍼푸드 중 하나로 뽑혔고, 2008년 뉴욕타임스는 '푸대접받고 있지만 진가를 알아야 할 식품 11가지' 중 첫 번째로 호박과 호박씨를 선정했다. 이후로 호박은 건강증진과 관련된 식품 소개에 빠지지 않고 있는 스타급 농산물로 자리 잡았다. 3대 항암 채소의 하나로 맛은 달고 무독하며 따뜻한 성질을 가지고 있는 호박은 늙었다는 수식어가 붙어야 더 효용가치가 있는 채소이다. 비타민과 칼슘, 철분, 섬유소 등 영양이 풍부한 약알칼리성 녹황색 채소로 척박

한 토양에서도 잘 자라며 가뭄에도 강해 성장촉진제 등 약제를 살포하지 않아도 빠르게 성장하고 농약을 사용할 필요가 없는 무공해 식품이다.

호박이 가지고 있는 여러 가지 약리성과 함께 특별히 몸을 따뜻하게 하는 보중익기(補中益氣)의 성질이 있어 임신 중이거나 산후의 민간요법으로 많이 활용되었다. 특히 호박씨는 불포화 지방산인 리놀렌산이 풍부한 여성용 비아그라, Sex Food로 소개되어 여성에게 꼭 필요한 최고의 식품이다.

호박의 설레늄 성분은 정자의 생산성과 활동력을 증가시키고, 호박씨 기름의 스테롤은 전립선을 튼튼하게 하여 초기 전립선비대증에 효과가 있어 남성에게도 더 없이 좋은 기능성 건강식품이다.

효능

1 **항암효과가 있다.** 베타카로틴의 항산화 작용으로 활성산소를 제거하여 항암작용을 한다.

2 **당뇨와 비만에 도움이 된다.** 늙은 호박의 당분은 소화·흡수가 잘 되면서도 인슐린 조절 효능이 있어 당뇨인이나 비만인의 식이요법에 효과적이다.

3 **위 점막을 보호한다.** 위장을 튼튼히 하며 위궤양과 위장질환에도 효과적이다.

4 **눈의 피로 및 야맹증에 효능이 있다.** 레시틴(Lecithin) 성분이 시신경과 망막을 건강하게 하고 두뇌개발과 혈액순환을 촉진한다.

파이토케미컬

호박은 황색 색소인 베타카로틴의 항산화 작용으로 활성산소를 제거하여 정상 세포가 암세포로 변화되는 것을 막고 암세포의 증식을 늦추는 훌륭한 항암 식품이다. 풍부한 비타민E와 베타카로틴에 의한 콜라겐 생성 촉진, 노화방지와 피부미용에 효과가 탁월하며 비타민 A, B_2, C가 듬뿍 들어 있어 감기 예방

영양성분

과육 84%, 표피 10%, 섬유소 3.5%, 씨 2%로 구성되어 수분과 단백질, 탄수화물, 식이섬유와 칼륨·인·철분을 비롯한 무기질, 비타민 A, B_1, B_2, C등 다량의 비타민을 함유하고 있으며 비타민A와 당질의 함량이 풍부하다. 늙은 호박은 늙을수록 당질의 함량이 많아져 잘 익을수록 맛이 좋아진다.

에도 도움이 된다. 신경완화 작용을 하는 비타민B$_{12}$가 많아서 불면증에 시달리는 사람에게 좋다.

호박에는 불포화지방산인 리놀레인산이 풍부하여 항암, 알레르기, 아토피, 동맥경화 예방과 노화방지에 좋다. 특히 호박의 불포화지방산에는 머리를 좋게 하는 레시틴과 필수 아미노산인 메티오닌을 많이 함유하고 있기 때문에 성장기 유소년의 두뇌발달에 도움이 된다.

고르기

1 맛과 영양이 좋은 호박을 고르려면 호박의 크기보다 과육과 껍질이 단단하고 상처없이 균형 있는 것으로 한다. 호박은 전체적으로 짙은 색을 가지고 있으며 꼭지 부분이 안쪽으로 많이 들어간 것이 당도가 높다. 골이 깊고 곧게 파여 있으며 흰 가루의 분이 많이 서려 있는 것이 좋은 소재이다. 일반적으로 맷돌호박이라고 하는 것이 좋다. 단호박도 늙은 호박에 준해서 고르면 좋다.

담그기

2 물로 씻지 않고 호박의 껍질에 붙은 흙먼지나 오물을 마른 수건으로 털어내는 정도로 하여 껍질의 분이 닦이지 않게 씻는다. 늙은 호박 효소발효액을 담글 때 껍질 처리가 과제이다. 껍질에 좋은 성분이 많이 함유되어 있지만 껍질을 벗기지 않고 담그면 건지의 식감이 나빠져 이용에 제한이 있게 된다. 부득불 껍질을 벗겨서 과육과 껍질을 분리하여 담는 것이 좋다. 껍질은 감자깎이나 칼로 벗겨내야 하는데 호박의 표면에 골이 있고 껍질과 과육의 조직이 달라 자칫 손을 다칠 염려가 있으니 주의가 필요하다. 작업을 하기 전에 모든 도구를 미리 갖추어 놓고 면장갑을 끼고 다듬는 것이 혹시 있을지 모를 실수에 대비하는 방책이다. 소재를 처음 절단할 때부터 호박 표면

의 골이 진 부분을 따라 절단해 두면 그 다음 껍질을 벗기는 과정이 수월하다.

3 호박을 크게 잘라서 호박 속 내용물과 씨를 삼베망에 따로 담아놓고 과육을 크게 등분하여 껍질을 벗겨낸다. 껍질을 벗긴 과육은 건지 활용계획에 맞게 적당한 크기로 잘라 설탕에 버무리는데 껍질과 내용물을 먼저 버무려 삼베망에 담아 용기에 넣는다. 껍질을 벗긴 후, 절단과 동시에 설탕에 버무려 두어야 소재의 산화를 막을 수 있다. 발효과정이 왕성하고 거품이 많아 소재의 양에 비해 용기의 크기가 작으면 끓어 넘치는 현상이 있으므로 주의해야 한다.

 **황금비율**

소재(호박)의 무게 X 0.65 ~ 0.70 = 매질(설탕)량

＊ 가을에 수확 즉시 사용하는 호박은 0.70의 매질을 사용하지만 겨울까지 저장 보관한 호박은 건조된 상태이고 기온이 상대적으로 낮기 때문에 매질을 0.65로 낮게 조절할 필요가 있다.

발효와 마시기

4 교반: 담근 당일부터 교반이 가능할 정도로 삼투현상이 빠르게 진행되므로 매일 1~2회 용기 바닥에 가라앉은 설탕이 모두 녹을 수 있도록 교반하여 준다. 2~3일 교반하면 설탕이 모두 녹아 잘 섞이고 서서히 거품이 일어나면서 발효가 진행된다.

5 소재와 원액 분리: 담금일 기준 7~10일 이내
삼투현상이 마무리되는 때에 맞추는데 소재의 조직 상태에 따라 약간 차이가 있을 수 있어 소재를 절단할 때의 조직 상태와 발효 과정에서 조직이 물러지는 정도를 가늠하여 임의로 판단한다.

호박은 열량이 쌀의 10분의 1에 불과하며, 콩팥의 기능을 향상시키는 효능과 함께 항이뇨호르몬 배출을 억제해 노폐물 배출과 이뇨작용을 돕고, 지방축적을 막아주는 약리성과 함께 펙틴 성분이 다이어트와 변비 치료 효과를 나타낸다.

6 마시기: 담금일 기준 3개월 후

가스와 거품이 잦아들고 숙성 상태가 되어 마시기와 장기 보관이 가능하게 된다. 설탕을 너무 많이 넣으면 상대적으로 발효기간이 길어지게 된다. 모든 활성효소발효액은 소화 기관에 우선 작용하여 위를 튼튼하게 하는데 그 중에서도 특히 늙은 호박 효소발효액은 맛과 함께 훌륭한 식이 음료이다.

안 되는 음식이 없는 호박

호박을 많이 먹으면 귤을 많이 먹었을 때처럼 얼굴이 노란 색을 띠는데 호박의 카로티노이드 색소에 의한 것으로, 건강에는 아무 상관이 없으며 식이를 중단하면 다시 회복된다. 건지를 이용한 호박 건지 말랭이, 호박죽, 호박경단, 호박떡, 호박잼, 호박양갱, 호박크로켓, 호박정과, 호박전, 호박조청, 호박엿, 호박미용팩, 호박떡볶이, 호박무스, 호박수프 등 활용가치가 크다.

호박 장아찌(된장, 간장)

꼬들꼬들 해진 건지를 건져서 된장이나 간장에 3~4일 넣어 간이 들면 꺼내 갖은 양념에 무쳐 밑반찬으로 사용한다.

호박 고추장

호박 건지를 삶은 물에 찹쌀풀(또는 수수밥)을 쑤어 청국장가루나 메주가루를 풀고 고춧가루와 소금, 호박 건지를 이용해 만든 조청을 섞은 후에 3주 정도 상온에 두고 발효시키면 맛과 함께 베타카로틴을 비롯한 각종 영양소를 함유한 기능성 고추장이 된다.

늙은 호박 건지 김치

배추(열무, 무, 알타리 등)를 소금에 절여 씻어 건져 놓고 마늘, 생강 효소 건지, 고춧가루를 갈아서 액젓(새우젓, 멸치젓, 까나리젓)에 섞어 늙은 호박 건지와 배추(열무, 무, 알타리 등), 파와 함께 버무려 두고 익혀 먹는다

마다가스카르 원산의 파워풀한
호랑이풀, 금전초

금전초(金錢草): 고투콜라(gotu kola), 병꽃풀

금전초는 아프리카 동부의 마다가스카르섬이 원산지로 알려져 있다. 영국동전 페니 크기만 하다해서 '인디안 페니워트'라고도 불리고 상처 입은 호랑이가 딩구는 풀이라고 해서 '호랑이풀'이라는 별명도 가지고 있다. 자생력이 좋아 모두 베어내거나 뜯어내도 3개월 정도면 금방 다시 복원되어 왕성하게 번식하는 식물이다. 우리나라 어디에서나 자라는데 대개 습기가 많고 햇볕이 잘 드는 양지 쪽에서 흔히 볼 수 있는 풀이지만 있는 곳에나 있는 재처유지(在處有之)의 풀이기도 하다. 금전초를 활혈단초(活血丹草)라고 부르기도 하는데 단(丹)은 선(仙)을 뜻하는 것으로 만병을 치유하고 피를 살리는 활혈의 선약이라는 의미이다. 실제로 금전초는 약리 효과가 매우 다양하면서도 뛰어나 간, 신, 방광에 작용하여 청열해독, 이담, 배석, 이뇨에 탁월한 효능이 있다. 방광과 요도, 담낭의 결석을 녹이는 효과가 있으며 기침을 멎게 하고 가래를 삭이는 효과와 습진, 종기 같은 피부병에도 즙을 내어 붙이면 잘 낫는다. 열을 내리고 독을 풀며 염증을 삭이고 어혈을 없애는 효과도 있다.

최근에는 간암에도 상당한 치료 효과가 있는 것으로 알려져 그야말로 만병통치의 약으로 소개되고 있으나 건강 식품으로 이해하고 사용하는 것이 옳을 것이다. 금전초의 추출물을 센틸라 아시아티카라고 하는데 마데카솔 연고의 원료로 사용하며 상처의 흔적 제거, 여드름, 아토피에 효과적으로 작용한다. 금전초를 효소발효시켜 발효액으로 마시면 여러 가지 약리작용의 흡수를 높이고 장기 보관할 수 있다.

서울지역에서는 보호종으로 지정되어 있는 식물로 서울지역 내에서의 채취는 엄격히 금지하고 있다. 번식력이 뛰어난 소재로 겨울을 제외한 어느 때나 채취가 가능하다. 약성이 우수한 봄과 가을에 걸쳐 필요한 시기별로 채취하여 각각 따로 발효시킨 후 시차를 두고 합방하면 효소의 활성을 유지시키면서 마실 수 있는 좋은 소재이다. 효소발효액을 피부에 발라 외용하거나 건지를 다려서 연고로 사용할 수도 있다. 성질이 서늘하므로 설사를 하거나 몸이 냉한 사람은 과용하지 않는 것이 좋다. 담담한 짠맛을 가지고 있는 금전초의 약성은 꽃이 피었을 때와 가을이 우수하다.

효능

1 **피부병에 탁월한 효과가 있다.** 정유성분의 약리작용으로 여드름, 뾰루지, 상처 치유, 모공축소 및 탄력증가, 콜라겐 합성 촉진, 유해 물질 침투를 방지하여 피부병에 뛰어나다.

영양성분

줄기와 잎에 정유성분을 함유하고 있으며 알카로이드와 소량의 캐론 l-pinocamphene, l-menthone, l-pulegone, 페놀성 성분, 스테롤, 프라보노이드, 아미노산, 탄닌(tannin), 휘발유, 콜린, 칼륨염 유리아미노산(메티오닌 0.28%, 시스테인 0.12%, 세린 0.06% 포함), 회분 등이 함유되어 있다.

2 **기관지 질환에 효능이 있다.** 감기, 기침, 기관지 천식, 각혈, 폐렴, 기관지염, 폐결핵, 늑막염에 효과가 있다.

3 **머리를 맑게하고 불면증을 치유한다.** 정유성분의 향기와 센틸라 아시아티카, 브라흐모사이드와 브라흐미노사이드의 진정작용으로 머리가 맑아지고 정신집중을 돕는다.

파이토케미컬

항균, 항염, 항암의 효능은 금전초의 정유성분에 함유되어 있는 알파피넨, 알파터피네올, 베타피넨, 베타시토스테롤, 콜린, 푸마릭산, 이소멘톤, 리모넨, 리나룰, 멘톨, 팔미트산, 피노캄폰, 피노카본, 스타키오스와 페놀, 플라보노이드, 탄닌 등의 약리성분에 의한 것으로, 풍기는 향의 선호도가 높아 향수 개발과 아로마테라피 효과도 기대할 수 있다. 금전초 추출물 센틸라 아시아티카는 면역계와 부신기능 강화, 혈액정화, 숙면, 이뇨제, 고혈압, 류머티즘, 열병, 신경질환 등 여러 질병 치료에 사용된 오랜 역사를 가지고 있다. 최근의 연구물로는 뇌를 위한 식품 및 약용식물로 정신집중, 긴장완화 및 기억력 향상과 진정작용, 불면증 치료, 정신적·육체적 피로회복 효과에 대한 보고가 있다. 이러한 연구결과에 따라 과잉 행동 장애(ADHD)를 지닌 아동들에게 적합한 천연소재의 약용식물로 사용된다.

고르기

1 봄~가을의 채취시기에 따라 구분하는데 주로 꽃이 피는 봄과 씨가 영근 가을이 약성이 우수하다. 야생상태에서 채취하기 때문에 농약이나 공해 물

질로부터 안전한가를 고려하여 채취하며 짙은 녹색으로 잎이 많고 잡질이
섞이지 않은 것이 좋다.

담그기

2 뿌리와 줄기, 잎을 분리하지 않고 전초를 통째로 물에 담궈서 뿌리 부분의
토양을 세심하게 씻는다. 너무 오랜 시간 물에 담궈 두면 정유성분이 빠져
나가므로 가급적 신속하게 씻어 채반에 건져 놓아 물기를 내려 보낸다.

3 어느 정도 물기가 내려가면 소재를 큰 그릇에 담아 놓고 삼투압과 발효에
유리하도록 몇 등분으로 절단한다.

황금비율

소재(전초)의 무게 X 0.85 = 매질(설탕)량
예) 금전초 5kg X 0.85 = 4.25kg(설탕량)

지피식물 금전초

지피식물이란 지표를 낮게 덮
는 식물을 이르는 말로 국내
자생종 금전초는 땅을 덮는
지피도가 95% 이상으로 잡초
발생을 억제할 수 있어 과수
원 재식 최적의 기능성 식물
이다.

4 소재와 원액 분리: 담금일 기준 10~14일 전후

5 발효 확인: 담금일 기준 3~4일

6 마시기: 담금일 기준 3개월 후

금전초 효소발효액을 담근지 약 3개월 후부터는 마실 수 있으며 맛과 향을 고려하여 금전초 효소발효액만 마시거나 기호에 맞게 다른 발효액과 섞어서 마셔도 좋다.

나물로도 좋고, 차로도 좋고, 약주로도 좋은 풀

발효 중 건지를 나물로 먹을 수 있는데 당분과 향이 강해 입맛에 맞지 않는 경우에는 끓는 물에 살짝 데쳐서 찬 물로 우려내 당분과 향기를 없앤 다음 소금 간을 맞추어 먹는다. 금전초 건지를 일부분 건져 끓여서 차처럼 마셔도 좋고 건지를 더 오래 끓여서 조청처럼 다려 연고로 만들어 피부질환에 사용할 수도 있다. 이때는 소재가 물러져서 소재에 포함된 섬유소의 점액질까지 녹아 나올 정도로 끓인다. 건지는 꼭 짜서 버리고 액만 더 다려서 연고로 만든다. 원액에서 분리한 금전초를 4배 정도의 소주(30~35도)에 담가 두었다가 약주로 복용하기도 한다. 기타 미용팩, 목욕제 등으로 활용하기도 한다.

전통의 장수식물,
신의 음식 표고버섯

표고(瓢菰)：oak mushroom, black forest mushroom, Shitake

표고버섯은 생명의 영약 또는 신의 음식으로 불리며 고대 그리스, 로마인들이 식용한 기록이 남아 있다. 중국인들은 표고를 향심(향기로운 버섯)이라 하여 불로장수의 영약으로 알고 식용했으며, 특히 진시황의 불로초 가운데 숲에서 채집한 것들의 대부분이 상황, 영지 등 버섯류였다는 것은 널리 알려진 사실이다. 예로부터 표고버섯은 식용 외에 좋은 약재로 이용되고 있었으며, 최근 연구에 의하면 항암 및 항고혈압 작용의 생리활성 물질인 에르고스테린, 렌티난, 에리타데닌, 레치오닌 등을 가지고 있는 것으로 밝혀졌다. 이러한 약리성분이 인체에 작용하여 인테페론을 만들어 냄으로써 암 치료제, 바

이러스 질환의 특효약으로 주목받고 있다. 이중 렌티난(Lentinan) 성분의 뛰어난 항암작용은 암세포의 증식을 억제하고 혈액순환개선 기능으로 간 등에 산소와 영양공급을 원활하게 해 주어 대사 기능을 향상시키는 효과가 있다. 표고버섯은 면역기능을 강하게 하기 때문에 여러 종류의 면역 기능 저하를 가져오는 질병에도 쓰이고 있으며, 항균력과 항당뇨성이 있어 균 억제나 혈당량을 낮추는 데도 효능이 있다. 또한 단백질, 각종 아미노산, 비타민B, 비타민B2, 무기질 등 영양의 보고로, 비타민 B_1과 B_2가 일반 채소의 두 배나 되며 나이아신을 다량 함유하고 있다. 표고버섯이 '정력을 좋게 하고 풍을 고치며 피의 흐름을 도와준다.'는 말은 칼슘, 칼륨, 인, 셀레늄 등의 미네랄이 많이 들어 있고 혈액의 산소운반에 필요한 헤모글로빈 생성에 쓰이는 철분이 많이 들어 있는 데서 비롯된 것이다. 동의보감에 표고버섯은 '성질이 평하고 맛이 달며 독이 없고, 전신이 좋아지며 구토와 설사를 멎게 하고 아주 향기롭다.'라고 기록되어 있다. 당질을 제외한 단백질, 지질, 섬유 등은 소화율이 좋지 않고 성질이 서늘하므로 설사를 자주하는 사람이나 몸이 찬 사람은 많이 먹지 않는 것이 좋다. 그러나 표고를 말리면 따뜻한 성질이 되며 약리성과 기능성 및 저장성을 증대시킬 수 있다. 건표고도 효소발효하면 맛과 향은 물론 건강기능성 식품으로 직접 섭취할 수 있다. 또한 효소발효액으로서 표고가 가지고 있는 독특한 풍미효과를 표고 건지와 함께 음식 조리 및 소스 개발에 응용할 수도 있다. 버섯의 발효는 생재보다 건재가 미생물 부착이 활발하여 발효에 유리하기 때문에 시럽을 만들어 건재로 발효하는 것이 좋다.

효능

1 **고혈압, 성인병 예방과 혈액생성에 작용한다.** 에리타데닌과 레시틴 성분이 콜레스테롤을 제거해 혈관을 깨끗하게 청소하며 비타민과 철분이 풍부하

여 혈액생성에 도움을 준다.

2 **항균력과 항당뇨성, 면역기능을 강화한다.** 무기질과 미네랄, 비타민, 생리
활성 물질의 작용으로 면역기능이 증대된다.

3 **항암 및 항종양 작용을 한다.** 표고버섯의 약리성과 포자의 리보핵산(RNA)
이 인테페론을 생성시킴으로서 저항력 증대와 암세포 증식과 전이 억제에
효과가 있다.

파이토케미컬

표고버섯은 에르고스테린, 렌티난, 에리타데닌, 레치오닌 등을 함유하고 있
으며, 최근 인터페론(interferon)의 생성을 촉진하는 인터페론RND를 가지고 있
는 것으로 밝혀졌다. 함유된 에리타데닌과 레시틴 성분은 콜레스테롤을 제거
해 혈관을 깨끗하게 청소하여 고혈압 등 성인병을 예방하고 혈액 생성을 원할
하게 한다. 또한 루구레오신과 루구레오치트 성분은 강한 항혈전 활성이 있다.

❧ How to Make

고르기

1 건표고는 색이 연하며, 등이 갈라지고, 갓과 대가 붙어 있으며 햇볕에 자연
건조한 것이 좋은 상품이다. 건조 상태가 양호하고 형태가 일그러지지 않
으며 표고의 향기가 나야 한다. 표고 원래의 모양이 흩어지지 않은 것으로,
갓이 두꺼우며 광택이 있고 갓 밑의 주름이 뒤집어지지 않은 난황색을 띠
는 것이 좋다. 버섯은 너무 크지 않은 것으로 둥근 갓이 탄력이 있고 누르
면 단단하고 표면이 매끄러운 것으로 한다. 갓이 습하지 않아 잘랐을 때 뽀
드득 소리가 나고 잘린 단면이 하얀 것이 좋다. 좋은 건표고는 물에 불리면

영양성분

나이아신, 나트륨, 단백질, 당
질, 회분, 비타민B₁, 비타민B₂,
비타민B₆, 비타민C, 철분, 식
이섬유, 아연, 엽산, 인, 지질,
칼륨, 칼슘, 렌티난, 렌티오닌,
에로고스테롤, 칼륨, 마그네
슘, 라미신, 키니타제.

tip

동고와 향신

갓이 안 핀 표고버섯을 동고
라고 하며 갓이 핀 것을 향신
이라고 부른다. 향신보다 동고
가 맛과 향이 좋고 에리타데
닌 등 생리활성 물질을 많이
가지고 있다. 갓이 피기 전의
것이 포자가 많이 내장되어
있어 생리활성이 높은 고급품
이다.

육질이 쫄깃쫄깃하고 향이 짙게 배어 나오며 육질이 흩어지지 않는다. 수입산 버섯은 유통과정상 변질방지를 위해 방부제 처리를 하는 경우가 많아 버섯 뒷면이 거뭇거뭇하고 검은색을 띠는 잔주름이 많으며 파손율도 높아 물에 불리면 푸석푸석해진다. 직접 건표고를 말려 사용하기 위해 생표고를 구하려면 고유의 갈색 빛을 가진 생표고로, 표면에 윤기가 있고 탄력이 있으며 향기가 짙은 것으로 한다. 병충해나 상해를 입지 않은 것으로 선택하고, 크기가 너무 크거나 작지 않게 균일하고 두께가 두꺼우며 갓이 약간 오므라든 것으로 뒷면이 하얀 것이 좋다. 기둥안의 결들이 보전되어 있고 갈색 톤을 유지하며 보송보송한 것으로 구한다. 갓 언저리 위에 습기가 있고 색이 거무스레한 것은 오래 저장된 것으로 좋지 않다.

담그기

2 건표고는 달리 씻을 필요는 없으며 잡질이 섞이지 않았는지 육안으로 살펴 골라낸다.

3 생표고를 말려서 사용할 경우에는 효소발효 후, 건지의 활용 용도에 따라

통표고로 말리거나 일정한 모양과 크기를 결정하여 잘라서 말린다. 절단하여 말릴 경우에는 표고의 뿌리 부분의 오물을 먼저 잘라내고 기둥을 칼로 떼어 내 용도의 크기로 자르고 갓도 용도에 맞게 자른다. 얇게 잘라야 건조가 빠르며 효소발효에도 유리하다. 햇볕에 말리는 동안 자주 뒤적여 주어야 고르게 잘 마르고 영양도 좋아진다.

 황금비율

{소재(건표고)의 무게 + (소재 무게 X 9 = 생수 무게)} X 0.80 = 매질(설탕)량
예) {건표고 1kg + (건표고 1kg X 9 = 생수 무게)} X 0.80 = 8.0kg설탕

＊ 건표고를 효소발효할 때는 생표고의 수분만큼 액을 보충해 주어야 발효를 진행할 수 있다. 생표고를 말리면 약 1/10 정도로 수축하기 때문에 보수하는 수분량도 이에 맞게 소재 무게 대비 9배의 생수를 보수해야 한다.

따라서 매질(설탕)은 소재 무게 + 보수량을 기준으로 계량한다.

발효와 마시기

4 교반: 담근 당일부터 삼투현상이 나타나며 발효액의 색깔이 갈색을 띠게 된다. 발효가 진행되면서 시간이 지날수록 색깔이 짙은 갈색으로 변하며 표고 특유의 향이 발산된다. 표고 건지를 거르기 전까지는 매일 교반하여 건지가 교대로 골고루 잠길 수 있도록 해 준다.

5 소재와 원액 분리: 담금일 기준 10일

표고 건지는 형태와 쫄깃한 식감이 살아있어 요리에 사용하기가 유리하다. 소재와 원액을 분리하지 않고 소재를 계속 발효액에 담가 두고 발효를 진행하면서 필요한 양 만큼만 덜어내어 사용하여도 좋다. 소재를 계속 담가 두면 건지가 물러져서 표고자체만으로 요리하기에는 불리하나 조미료나 소스 등으로 쓰기에는 오히려 유리하다. 발효과정에서의 강한 표고향은 테라피 효과가 있지만 기호에 따라 좋아하지 않는 향일 수도 있으므로 발효장

건표고 찬물에 우려야

마른 표고버섯은 더운 물에 담그면 독특한 맛 성분인 구아닐산, 아데닐산, 우리딜산 등이 충분히 우러나오지 않으므로 시간이 걸려도 찬물에 우려야 하며 표고 우린 물 중의 유효성분은 가열해도 파괴되지 않기 때문에 버리지 말고 조리에 사용하는 것이 좋다. 물에 담그면 물이 걸쭉해지며 끈적끈적해지는 것은 식이섬유의 일종인 다당류가 녹아나기 때문이며 이 성분이 항암 및 암세포의 전이 억제 효과를 나타낸다.

소를 선택할 때 고려하는 것이 좋다. 표고 건지는 냉장보관하는 것이 좋다.

6 발효 확인: 담금일 기준 1일

7 마시기: 담금일 기준 3개월 후

3개월 전이라도 건지는 요리나 음식조미료로 사용할 수 있으며 원액도 소스 등 기타 음식에 사용한다. 표고는 열량이 낮아 비만과 당뇨병 예방에는 좋지만 혈중 요산치가 높아 통풍기가 있는 사람은 과다 섭취하지 않도록 주의해야 한다. 또한 표고는 성질이 차서 몸이 찬 사람은 생으로 많이 먹어서는 안 된다.

COOK

🥣 건지를 활용한 표고 영양 수프

표고 영양 수프는 하체를 따뜻하게 하고 상체는 차게 하는 보온 및 보양의 5가지 근채류 채소를 끓인 채소탕으로, 환자나 노약자의 체력보강에 탁월한 효과를 얻을 수 있는 식품이다. 무와 당근은 양기식품이고 우엉과 표고는 음기식품이지만 익히거나 햇볕에 말리면(천일 건조) 양성으로 변화되어 소화에 유리하고 몸을 따뜻하게 하는 보양식품으로 활용된다. 반신욕 또는 족탕을 병행하면 양성식품의 효과를 극대화할 수 있다.

🥣 기타 표고 건지 활용

표고 건지는 천연 표고 조미료, 표고와 양파 요리, 표고와 말린 가지(늦가을 씨 없고 단것), 표고와 마늘 장아찌, 표고 건지 고추장 무침, 표고와 무나물, 표고와 겨자 소스, 표고와 고추냉이 간장 또는 초장, 표고와 육류 및 기름요리, 표고와 작두콩, 표고 덮밥, 표고 튀김, 표고 잡채, 표고 국수, 표고 만두 등으로 다양하게 활용할 수 있다.

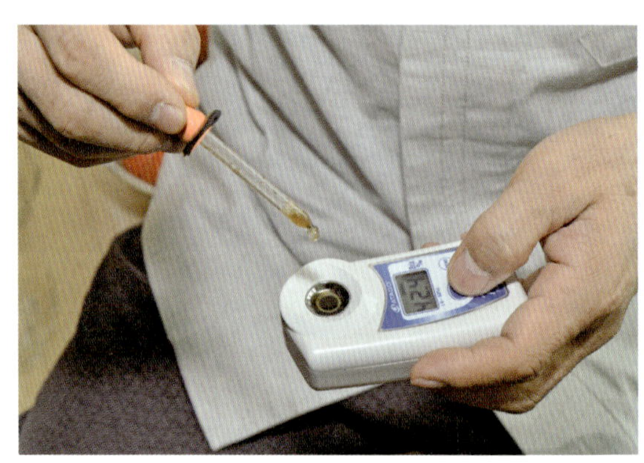

과다한 매질 사용으로 발효균이 견딜 수 있는 내당도 이상의 당도가 되면

발효균이 생존할 수 없어 발효가 이루어지지 않게 된다.

발효 과정에 관여하게 되는 자연 상태의 미생물 중,

우리 몸에 유리한 유익균은 해로운 유해균보다 당에 견디는 힘,

즉 내당도가 강해 발효를 주도하게 된다.

부록

소재별 요약

—

1. 소재 무게의 계량은 세척 후, 물기가 있는 상태에서 계량한 무게를 뜻하며 물기를 포함하고 있는 소재의 무게를 기준으로 설탕량을 계량해야 한다. 건재나 수분함량이 적은 소재 등에 시럽을 사용할 경우, 시럽에 사용되는 생수의 매질량은 생수 대비 0.85로 한다. 작물의 경우 같은 소재라도 재배 환경에 따라 발효 과정이 매우 달라진다. 자연농업의 유기농작물 소재는 매질을 적게 사용하면서 좋은 결과를 얻을 수 있다.

2. 책 내용의 담그는 법은 상온상태(20~25℃)에서의 효소 발효를 기준으로 계량한 매질량과 원액 분리 기간으로 표시된 것이며 독자의 효소발효 환경이 상온보다 저온 상태이면 매질량을 10% 내에서 감량하여 사용하고 원액 분리 시기도 하루, 이틀 정도 늦게 한다.

3. 원액 분리 시기는 삼투현상이 마무리되는 때로 역삼투압이 진행되기 전에 분리한다.

4. 원액 분리 시기는 소재의 조직 상태 따라 차이가 있으므로 소재를 절단할 때의 조직 상태와 발효 과정에서 건지의 조직이 물러지는 정도를 보고 분리 시기를 가감하여 판단한다.

5. 음용 적기는 4~6개월을 기준으로 발효액의 활성을 고려하여, 음용시작은 담금일 기준으로 대략 3개월 이후부터 1년 이내에 음용할 것을 권장하여 제시한 수치이며, 상온상태에서 1년 이상 장기 숙성해도 효소 활성만 낮아질 뿐, 발효액의 변질이나 영양성분에는 변화가 없고 효소발효액의 감미도는 좋아진다.

소재 성분에 대한 정보는 농식품종합정보시스템(http://koreanfood.rda.go.kr)에 접속. 식품영양 · 기능성정보에서 국가표준식품성분표를 클릭하여 소재 이름을 넣으면 찾을 수 있습니다. 소재의 수분함량을 비롯하여 탄수화물 등을 알수 있어 설탕량을 계량하는 데 도움을 얻을 수 있습니다.

소재별	채취 계절	특성	약성 및 효능	매질 비율	소재와 원액 분리
감	10월	서늘한 성질에 단맛	항산화, 간장, 숙취, 해독, 감기예방, 고혈압, 동맥경화, 피부, 다이어트	0.60~0.62	10일 전후
고구마	8~10월	서늘한 성질에 단맛	항산화, 만성 변비 치료와 예방, 혈압 조절, 성인병 예방, 피부미용, 다이어트	0.65	7일
고추	8~11월 (연중)	뜨거운 성질에 매운맛	항산화, 항염, 혈액순환, 면역력, 피부건강, 소화, 다이어트, 야맹증, 호흡기 저항력	0.82~0.85	14일 이후
곰보 배추	봄 ~가을	따뜻한 성질에 맵고 쓰고 비린맛	항산화, 천식, 해수, 기침, 편도염, 폐질환, 신장염.	0.75~0.80	14일 전후
금전초	봄 ~가을	서늘한 성질에 달고 짠맛	항산화, 이뇨, 황달, 간 기능, 결석, 비염, 축농증, 간염, 기관지염, 피부병(여드름, 상처 치유, 모공, 콜라겐 합성), 해열, 해독, 항균, 어혈, 기침, 천식, 두통	0.85	10~14일 전후
무	연중(노지 재배11월)	따뜻하고 찬 성질을 모두 가지고 있으며 달고 매운맛	항산화, 소화, 체온상승, 변비, 고혈압, 동맥경화, 소염, 이뇨.	0.75	5~7일
매실	6월중순 ~7월초	따뜻한 성질에 신맛	항산화, 피로회복, 간장, 식중독, 소화, 해독, 항균	0.68~0.72	7~10일
민들레	3월중순 ~5월중순	따뜻한 성질에 쓰고 짜고 단맛	항산화, 간장, 건위, 당뇨, 고혈압, 호흡기 질환, 해열, 항염, 항균	0.80	10~14일
복숭아	7~9월	따뜻한 성질에 시고 단맛	항산화, 간장, 혈액순환, 허약체질, 여성질환, 골다공증, 피부미백, 니코틴제거, 피로회복, 해독	0.72	7일
비트	봄~가을 호냉성	따뜻하고 찬 성질을 모두 가지고 있으며 단맛	항산화, 간장, 면역력, 보혈, 피부건강, 혈관질환, 성인병, 우울증, 갱년기 장애, 여성호르몬, 변비치료, 성장발육, 항스트레스	줄기·잎 0.75뿌리 0.80	7~10일
사과	가을	능금: 따뜻한 성질에 시고 단맛 사과: 서늘한 성질에 단맛	항산화, 동맥경화, 고혈압, 감비, 변비, 천식, 폐, 피로회복, 해독, 면역력, 피부미용, 뇌질환, 성인병	0.72	10~14일
쇠비름	6~10월	서늘한 성질에 신맛	항산화, 아토피성 피부, 정신질환, 스트레스, 우울증, 치매, 알츠하이머, 간염, 만성 대장염, 관절염, 당뇨, 중풍	0.85	10일 전후
양파	4~6월	따뜻한 성질에 맵고 단맛	항산화, 콜레스테롤, 혈행, 당뇨, 이뇨, 발한, 알러지, 항균, 피로회복, 자양강장, 해독, 스트레스, 숙면, 진정, 방부.	0.75	7일
오미자	8~9월	따뜻한 성질에 오미(五味)의 신맛	항산화, 폐, 신장, 간질환, 중추신경기능 향상, 기침, 피로회복, 심혈관계 기능회복, 혈압조절, 위액분비 조절, 이담, 시력, 당뇨, 자양강장효과	0.75	7~10일
자두	7~8월	서늘한 성질에 시고 단맛	항산화, 간장, 신장, 피로회복, 식욕증진, 이뇨, 해독, 면역력, 빈혈, 안구건조, 피부미용, 스트레스, 학습능력, 숙면, 소염, 진통, 여성호르몬, 다이어트	씨 포함 0.70 씨 빼고 0.72	4~5일
키위	10~11월	서늘한 성질에 시고 단맛	항산화, 면역력 증대와 항암, 심혈관질환 예방, 변비예방과 치료, 임산부와 태아 건강, 빈혈 치료, 체내 독소 배출, 혈압조절 및 동맥경화 예방, 콜레스테롤 증가 억제, 체중감량과 피부개선	0.62~0.65	5~7일
토마토	연중 (노지재배 7~8월)	서늘한 성질에 시고 단맛	항산화, 소화, 체력증강, 뇌세포 기능, 식욕증진, 피부, 콜레스테롤, 간장, 혈압강하, 동맥경화, 다이어트, 변비	0.75 (제철)~0.85	5~7일
포도	8~9월	서늘한 성질에 시고 단맛	항산화, 성인병, 피로회복, 심장및 혈행성 질환, 동맥경화, 소화, 신장, 스테미나 증진, 이뇨, 부종, 골다공증, 갱년기 여성, 해독, 충치예방, 퇴행성 질환, 간장, 신경세포, 빈혈, 신진대사	0.60~0.62	5~7일
건표고	연중	서늘한 성질에 단맛	항산화, 혈압강하, 혈중 콜레스테롤 강하, 다이어트, 성장 촉진, 대장암, 당뇨, 설사와 구토 진정, 두뇌 발달 효능	0.80	10일~
늙은 호박	10월~	따뜻한 성질에 단맛	항산화, 면역력 향상, 피부미용과 다이어트, 콩팥기능 향상, 혈액순환, 건위, 이뇨작용, 부기제거, 눈의 피로 및 야맹증	0.65~0.70	7~10일

100가지 소재 적기 채취로
명품효소발효액 담기

감나무	잎(열매)	중복 때 (땡감~완숙과)
건표고	전초	연중
겨우살이	전초	겨울
고구마(번서)	전초	뿌리 걷을 때(8~10월)
고들빼기	전초	꽃피기 직전
고추(번초)	잎(열매)	연중(8~11월, 서리오기 직전)
곰보배추(설견초)	전초	봄(이른 봄~꽃피기 전)~가을
곰취	잎	잎이 무성할 때
구기자	잎, 열매	열매 익을 때
구절초	전초	봄(꽃필 때)~가을
금전초(병풀꽃)	전초	봄(꽃필 때)~가을
꽃사과	열매	열매 익을 때
꾸지뽕나무	열매(잎, 줄기, 뿌리)	가을(수시)
꿀풀(하고초)	지상부	꽃필 때
냉이	전초	꽃피기 직전
느릅나무	새순	봄, 새순 돋을 때
늙은 호박(맷돌)	꽃 호박	봉오리~만개 직후 잎 마르기 전
달맞이꽃(월견초)	꽃봉오리	꽃필 때
달래	전초	꽃필 때
더덕	뿌리	초가을~서리 전
도라지	전초 꽃	꽃필 때 봉오리~만개 직후
등나무	꽃봉오리	꽃필 때
단풍마	전초	꽃필 때
담쟁이덩굴	덩굴	초봄(물오를 때)~가을
두충나무	잎, 열매	열매가 익기 전
둥굴레	전초	꽃필 때
당귀	전초	꽃대가 올라오기 전
돌나물(돈나물)	지상부	꽃필 때

돌미나리	지상부	꽃피기 직전
두릅(땅두릅)	새순(땅속 새순)	순이 쇠기 전(잎순이 나오기 전)
들국화꽃, 산국	꽃봉오리	꽃필 때(만개 직전)
들깨순	꽃봉오리, 잎	꽃피기 직전, 서리 오기 전
돌복숭아	열매	하지~성숙과
다래덩굴, 개다래(충영)	새순, 열매	열매 익을 때
돌배	열매	성숙과
달개비(닭의 장풀)	전초	꽃필 때
돌콩	전초	꽃필 때
동백나무(산다목)	꽃, 잎, 열매	꽃필 때, 새잎, 익기 전(7~8월)
둥글레	잎, 줄기	봄~꽃 피기 전
돼지감자	덩이뿌리	늦가을~초봄
목련(신이)	꽃	만개 전 봉오리 상태
마가목	열매, 잎	열매가 익을 때
무(나복)	전초	연중(김장무)
(흰)민들레	전초	꽃필 때(봄~)
(황)매실	열매	성숙과
머위	잎, 줄기	꽃필 때
미역취	지상부	잎이 무성할 때
명아주	지상부	꽃필 때
머루	열매	성숙과
맥문동	덩이 뿌리	가을
백하수오	전초	꽃필 때
배초향(방아풀)	지상부	꽃필 때
박하	지상부	꽃필 때
박주가리	지상부	꽃필 때
버찌	열매	성숙과
보리수	열매	성숙과
보리싹	새싹	꽃대(이삭) 올라오기 전
복분자	열매	미숙과~성숙과
뽕나무	잎, 줄기, 뿌리	서리 오기 전
블루베리, 초크베리	열매	성숙과
비트	전초	봄~가을
사과(능금)	열매	가을
산수유	열매	성숙과
생강	줄기, 뿌리	수확 시기에 함께
송순(송엽)	순(잎)	송화 피기 전(봄, 작년 잎)
쇠비름(오행초)	전초	6~10월
쑥	전초	단오 전
싸리나무	전초	꽃필 때
양파(자색)	뿌리	~5월
아카시재목버섯	전초	장마 후~늦봄
아카시꽃	꽃봉오리	만개 전

엄나무	잎	말복 때
연엽(백연)	잎	개화 직후~초가을
오가피	전초	꽃필 때
오디	열매	성숙과
오미자	열매	8~9월(성숙과, 무르기 전)
예덕나무	새순	봄, 새순 나올 때
우슬(쇠무릎)	지상부	꽃피기 전
야관문(비수리)	전초	꽃필 때
원추리	지상부	봄(새순)
인동덩굴	지상부	꽃필 때
익모초	지상부	꽃필 때
어성초	지상부	꽃필 때
이질풀	지상부	꽃필 때
왕고들빼기	지상부	꽃피기 전
엉겅퀴	지상부	꽃필 때
앵두	열매	성숙과
자두(이실)	열매	7~8월(성숙과)
자귀나무	꽃	개화~만개
진달래	꽃	봉오리~만개시
죽순	순	순 돋을 때
찔레	순, 꽃	새순 돋을 때~봉오리
천년초	전초 잎줄기 꽃 열매	수시 새 잎줄기 만개시 성숙과
칡(갈근, 용, 화)	뿌리, 새순, 꽃	이른 봄~여름 만개시
탱자나무	열매	열매가 익기 직전
토마토(번가)	열매	연중(노지재배 7~8월)
(캠벨)포도	열매	성숙과(분이 핀 것)
키위(양도)	열매	성숙과(10~11월)
허브 종류	꽃, 잎, 줄기	~개화 직후
회화나무	전초	새순 돋을 때

• 전초(全草): 뿌리부터 줄기, 잎, 모두를 의미

• 지상부(地上部): 뿌리를 제외한 줄기, 잎을 의미

• 덩이뿌리: 엉키듯 뭉쳐있는 뿌리 전부를 의미

음양 구분의 소재

—

훌륭한 효소발효 소재는 자연상태에서 채취한 것이나 자연농에 의한 유기 재배 작물이다. 이러한 소재 중에서 자신의 체질에 가까운 기질의 소재를 사용하여 발효한다면 가장 이상적이다. 음성 체질로 몸이 냉한 사람은 양성 소재를 활용하고, 양성 체질로 열이 많은 사람은 음성 소재에 비중을 두어 발효시켜 마시는 것이 좋다. 그러나 자신의 체질에 맞지 않는 소재는 절대 금기로 여기는 것이 아니라 음성 체질은 양성 소재에 51%, 양성 체질은 음성 소재에 51% 이상의 비중을 두어 상대적으로 관심을 더 가지고 선택하여 발효에 사용하는 것을 권유한다.

구분	음	양
곡물	메밀, 팥, 보리, 밀, 녹두, 콩(검정콩 · 완두콩 · 노란콩 · 강낭콩)	흑미, 찹쌀, 멥쌀, 율무, 현미, 수수, 조
채소	아욱, 근대, 배추, 양배추, 상추, 깻잎, 시금치, 양상추, 신선초, 케일, 가지, 호박, 오이, 고구마, 우엉, 더덕, 토란, 씀바귀, 질경이, 숙주, 고들빼기, 머위대, 콩나물	무, 순무, 열무, 부추, 파, 미나리, 쑥갓, 갓, 고추, 쑥, 컴프리, 파슬리, 산나물류, 비트, 아스파라거스, 두릅, 크레송, 치커리, 토마토, 버섯류, 감자, 당근, 연근, 양파, 돌나물, 피망, 민들레, 달래, 냉이, 취나물, 고사리, 생강, 도라지, 고비, 비름, 고수, 무릇, 마늘, 후추, 죽순, 마, 샐러리, 콜라비, 후추, 브로콜리
과일	사과(부사), 감, 단감, 배, 대추, 귤, 포도, 키위, 딸기, 자두, 모과, 참외, 앵두, 멜론, 자몽, 다래, 수박, 바나나	사과(국광, 홍옥, 능금), 탱자, 살구, 석류, 무화과, 체리, 파인애플, 복숭아, 매실, 레몬, 밤, 잣, 호두, 은행, 유자, 레몬, 버찌, 블루베리, 산다자, 치자
기타	녹차, 칡(갈근), 더덕, 들깨, 질경이, 차조기, 뽕잎, 박하, 알로에, 어성초, 땅콩, 보리싹, 토란, 아카시꽃, 결명자, 맥문동, 복분자, 해바라기, 유채, 미역, 다시마, 커피, 엿기름, 호박씨	국화, 두충, 인삼, 당귀, 황기, 엉겅퀴, 익모초, 삼백초, 산사자, 오가피, 오미자, 구기자, 송순(송엽), 쇠무릎, 싸리, 동충하초, 울금, 겨우살이, 상황버섯, 겨자, 김, 파래, 톳, 우뭇가사리, 참깨

참고문헌

강원대 식품생명공학부 **산야초 효소의 가치**

건강식품 연구회 **식초 건강법**

김율희 역, 돈 콜버트 저 **건강의 기술**

김일훈 **신약**

김옥분 역, 엔드류 와일 저 **자연치유**

김기태 역, 에드워드 호웰 저 **효소 영양학 개론**

김소정 역, 산도르 엘릭스 카츠 저 **내 몸을 살리는 천연발효 식품**

김충기 **생활 미생물학**

문순열 **한국의 약초**

박국문 **생로병사는 효소에 달려있다**

박영기 **유실수 과실 성숙과 유용성분의 변화**

송보경 · 김재옥 **교수님! 환경호르몬이 뭔가요?**

　　　　　　생활 속 환경호르몬의 피해와 대책

신재용 **체질 동의보감 한방요법 편**

신현재 **Enzyme & Health**

안병수 역, 아베쓰카사 저 **식품의 이면**

안현필 **천하를 잃어도 건강만 있으면**

원태진 편역 **미국상원영양문제보고서**

　　　　　– **잘못된 식생활이 성인병을 부른다**

이근아 역, 신야히로미 저 **병 안걸리고 사는 법**

이박행 **암을 이기는 치유 캠프 복내마을 이야기**

이신랑 **혈액형별 음식궁합**

이원종 **위기의 식탁을 구하는 거친 음식**

이풍원 **한방으로 풀어본 이야기 본초강목**

인도주의 실천 의사 협의회 **잘못 알려진 건강 상식 100**

임성은 **효소 내 몸을 살린다**

유태종 **식품보감**

자연을 담는 사람들 **동의보감 사계절 약초도감**

장병두 **맘 놓고 병 좀 고치게 해주세요**

장준근 **산야초 동의보감**

조식제 **특허로 만나는 우리 약초**

조우석 **옹기의 과학적 분석 및 미세기공 관찰**

지구문화사 **식품 미생물학**

최 승 **한방영양학 개론**

최양수 **산야초로 만드는 효소 발효액**

KBS 생로병사의 비밀 **한국인 무병장수 밥상의 비밀**

KT&G 중앙연구원 인삼연구소 김나미 · 이종원 · 도재호 · 박채규 · 양재원 **식물자원 발효액의 품질과 기능성에 미치는 발효기간의 영향**

표상수 **현성의 쟁기로 새 문명의 밭을 갈다**

한국생약연구소 **몸에 좋은 한방 약용식물**

허봉수 **약이 되는 체질 밥상**